Pequeño léxico del fin de la vida

Bioética básica Comillas

Pequeño léxico del fin de la vida

Pontificia Academia para la Vida

Introducción de Mons. Vicenzo Paglia

Traducción y adaptación al español por
Rafael Amo Usanos, Mª del Carmen Massé García
y Carlos Giménez Rodríguez

COMILLAS
UNIVERSIDAD PONTIFICIA

SAN PABLO

La **Pontificia Academia para la Vida,** con sede en la Ciudad del Vaticano, fue instituida por san Juan Pablo II mediante el *motu proprio Vitae mysterium,* del 11 de febrero de 1994, y tiene como fin la defensa y la promoción del valor de la vida humana y de la dignidad de la persona. Su tarea es de naturaleza esencialmente científica y está orientada a la promoción y defensa de la vida humana. En particular, estudia los diversos aspectos relacionados con el cuidado de la dignidad de la persona humana en las distintas etapas de su existencia, el respeto recíproco entre géneros y generaciones, la defensa de la dignidad de cada ser humano y la promoción de una calidad de vida humana que integre los valores materiales y espirituales.

Vincenzo Paglia (1945), arzobispo emérito de Terni-Narni-Amelia, ha ocupado los cargos de presidente de la Pontificia Academia para la Vida y gran canciller del Pontificio Instituto Juan Pablo II. Es también el consejero espiritual de la Comunidad de Sant'Egidio.

Traducción y adaptación al español por Rafael Amo Usanos, Mª del Carmen Massé García y Carlos Giménez Rodríguez

© SAN PABLO 2026
   Protasio Gómez, 11-15. 28027 Madrid
   Tel. 917 425 113
   secretaria.edit@sanpablo.es - www.sanpablo.es

© Administración del Patrimonio de la Sede Apostólica, 2024
© Dicasterio para la Comunicación – Librería Editrice Vaticana, 2024

© Universidad Pontificia Comillas
   ISBN: 978-84-7399-212-1

Distribución: SAN PABLO. División Comercial
Resina, 1. 28021 Madrid
Tel. 917 987 375
ventas@sanpablo.es
ISBN: 978-84-285-7475-4
Depósito legal: M. 122-2026
Printed in Spain. Impreso en España

Índice

Prefacio de los editores de la edición española

Cuando una persona se acerca al final de su vida surgen situaciones en las que es preciso discernir cómo actuar. La reflexión bioética siempre se ha ocupado de estas cuestiones, pero en la actualidad este ejercicio de discernimiento se hace cada vez más complejo. Esta dificultad creciente es un fenómeno mundial, pero se agudiza en aquellos países, como España, en los que se ha legislado sobre la eutanasia y el suicidio asistido.

Ante la necesidad creciente de claridad terminológica y de criterios éticos de pacientes, familiares y profesionales de la salud, la Pontificia Academia para la Vida publicó este *Pequeño léxico del final de la vida*. Organizado como un diccionario, es un buen instrumento para ayudar a la reflexión: permite hacerse cargo de la complejidad de las situaciones que aparecen al final de la vida; proporciona elementos conceptuales para comprender lo que les sucede al enfermo, a sus familias y al entorno sanitario y arroja luz sobre la mejor manera de apoyar a las personas que deben decidir en estas situaciones.

Aunque es un texto escrito por una academia pontificia de la Iglesia católica, tiene vocación universal y pretende también ayudar más allá de las fronteras de la fe y puede ser de utilidad para todos aquellos que buscan comprender las complejas situaciones del final de la vida humana.

El texto original no solo estaba escrito en italiano, sino también dirigido especialmente a lectores italianos por medio de constantes referencias a la legislación de aquel país y a otros textos de comités y sociedades científicas italianas. La situación en España es muy diferente. Desde 2021 contamos con legislación sobre la eutanasia y el suicidio asistido, además de con una larga reflexión bioética sobre estas cuestiones que ha generado un lenguaje amplio y preciso. Por eso era necesario no solo una traducción, sino una adaptación.

La Cátedra de Bioética de la Universidad Pontificia Comillas, que en muchas ocasiones había recibido la solicitud de elaborar un material que ayudase en esta tarea, ha considerado que el *Pequeño léxico del fin de la vida* de la Pontificia Academia para la Vida –debidamente adaptado al contexto español– respondía a esta necesidad. Por ello tres profesores de la Universidad Pontificia Comillas, involucrados en la Cátedra de Bioética, han realizado este trabajo: Rafael Amo Usanos, Mª del Carmen Massé García y Carlos Giménez Rodríguez.

Esperamos que este libro contribuya a arrojar luz en la complejidad de los debates actuales.

Introducción

El debate público sobre las cuestiones del final de la vida no es una novedad. Sin embargo, en los últimos años se ha intensificado y ampliado en extensión, también geográficamente. Se habla frecuentemente de ello en los medios de comunicación y en las redes sociales, a partir tanto de situaciones personales que provocan escándalo como de propuestas legislativas que dividen a los parlamentos. Cuando en la discusión están implicados niños recién nacidos, como ha sucedido en varias ocasiones en los últimos años, las contraposiciones, traspasando las fronteras nacionales, se vuelven aún más intensas y se convierten en materia de disputa, a menudo instrumental, entre alineamientos políticos.

La participación de capas cada vez más amplias de la sociedad en estas controversias debe ser saludada favorablemente. Se trata de temas que nos conciernen a todos y que tienen una profunda relevancia social y cultural. Cuando están en juego la vida, el sufrimiento y la muerte, no pueden ser solo los individuos quienes deban afrontarlos privadamente, por su cuenta. Es por tanto un hecho positivo que toda la comunidad se sienta implicada y llamada a elaborar de manera compartida el sentido de los eventos más delicados de la existencia. No debe haber duda de que estos tienen una profunda relevancia para toda la comunidad. Pero, precisamente por esta difusión, no es raro que los términos del debate resulten equívocos. Las mismas palabras a veces se utilizan con significados diferentes, también porque no son fáciles de manejar, dificultando el entendimiento no solo por la diferencia de posiciones, sino también por la complejidad de los términos.

Me parece por tanto un servicio importante el que presta este pequeño léxico sobre los temas del final de la vida. Lo he querido insistentemente y para realizarlo he implicado a amigos de la Academia con la intención de *traducirlo* también para otras áreas lingüísticas. Buscando ir a lo esencial, estas voces pretenden ser al mismo tiempo rigurosas conceptualmente, basándose en los datos científicos más recientes, y comprensibles para los no expertos. El objetivo que se propone el listado es ayudar a quien trata de orientarse en la jungla de estas temáticas intrincadas, con el fin de reducir, al menos, aquella componente del desacuerdo que depende del uso impreciso de las nociones implicadas en el discurso. Un intento que también se refiere a las afirmaciones que a veces se atribuyen a los creyentes y que no raramente son, en cambio, fruto de lugares comunes no adecuadamente examinados.

El hecho de que la materia esté organizada a partir de los términos que se repiten insistentemente, frecuentemente malinterpretados –o culpablemente olvidados– en la discusión, no excluye que estos sean tratados a la luz de algunas coordenadas fundamentales y unitarias, que conviene mencionar brevemente aquí.

El primer punto es el modo de comprender la noción de *vida humana,* que aquí se trata sin recurrir nunca a las categorías de sacralidad o de indisponibilidad. Desde la perspectiva cristiana como bien explicitó san Juan Pablo II, la llamada fundamental del hombre «consiste en la participación en la misma vida de Dios. [...] Precisamente esta llamada sobrenatural subraya la relatividad de la vida terrena del hombre y de la mujer. Ella, en verdad, no es una realidad "última", sino "penúltima"» (EV, n. 2). El bien de la vida debe entonces entenderse siempre en el marco del bien integral de la persona, para cuya interpretación es necesario considerar no solo el hecho de que es un don recibido, ya que cada uno de nosotros viene al mundo por iniciativa ajena –como se quiera interpretar su origen–, sino también el destino último al que estamos orientados. Estamos llamados a decidir libremente sobre nuestra vida: es la tarea que Dios creador nos asigna confiando en nosotros. Pero libremente no significa arbitrariamente, sino responsablemente. Es decir, de modo sensato. Para recurrir a las palabras de Jesús: «Nadie tiene amor más grande que este: dar la vida por sus amigos» (Juan 15,13). En un solo versículo se nos dice que la vida *biológica* no es un ídolo absoluto, al que se deba sacrificar todo valor relacional, sino una iniciación al amor: que en el amor se recibe, desde el origen, y en el amor se entrega, con su finitud.

Aquí emerge una segunda coordenada que atraviesa todo el texto y que concierne a la noción de *libertad*. El tema se aborda en la entrada *autonomía**, por lo tanto, no me extiendo. Me limito solo a destacar cómo la comprensión de la libertad que subyacente a cada entrada es constitutivamente relacional. La libertad implica, por tanto, siempre la exigencia de ser responsables de la vida: en mí y en el otro, indisolublemente. Una perspectiva que ciertamente no concuerda con una concepción individualista, que tiende a reducirla a la soledad de la autodeterminación absoluta y cede a la voluntad de poder del amor propio, sin consideración por la vulnerabilidad a la que expone los afectos del otro. Estamos todos radicalmente relacionados. No disponemos de nosotros mismos en el vacío de toda relación: ser responsables ante uno mismo –se quiera o no– es siempre un modo de ser responsables –o irresponsables– hacia los demás. Así vivimos nosotros, los humanos: hasta el final.

Esta llamada a la relación, además, no se refiere solo a las relaciones interpersonales, sino a toda la vida social. Al abordar los temas evocados por cada palabra, este léxico tiene en cuenta el contexto plural y democrático de las sociedades en las que se desarrolla el debate, especialmente cuando se entra en el ámbito jurídico. Los diferentes lenguajes morales no son en absoluto incomunicables e intraducibles, como algunos sostienen; el esfuerzo que cada uno hace por comprender las razones del otro y por aceptar el diálogo con quien piensa de forma distinta favorece el contraste y el poder compartir, al menos de una forma parcial, las razones válidas en favor de una u otra opción. La discusión abierta y respetuosa conduce a un diálogo público capaz de influir positivamente también en las decisiones políticas, mostrando cómo las mediaciones entre diferentes posiciones no están necesariamente destinadas a asumir la forma degradada de un compromiso a la baja o de la negociación por un intercambio de favores políticos. El diálogo apasionado y profundo, que no se rinde ante la ideología prefabricada y partidista, puede conducir a auténticas soluciones compartidas. En otros términos, el diálogo sinceramente orientado por el respeto de lo humano, que es común, genera un camino de aprendizaje recíproco: no solo entre católicos y no católicos, sino entre todos los portadores de diferentes perspectivas morales y distintas comprensiones del bien. Esta confrontación proporciona por tanto una contribución a la convivencia en una sociedad compleja que, más allá de las ideologías y de la misma secularización, asume con vigilante conciencia y madura responsabilidad la búsqueda de formas concretas y practicables del bien común y de la amistad social.

En el trasfondo del nexo entre la esfera ética y la esfera jurídica, se sitúa la otra cuestión –relevante para todos, creyentes y no creyentes– de la relación entre ética y fe. La idea fundamental, que libera de todo *fundamentalismo,* es que entre ética y derecho

16

no existe ni identidad material ni separación abstracta. Entre lo ético y lo jurídico existe una relación
recíproca de circularidad, que implica y encuentra
su mediación constitutiva en la cultura humanista
que orienta y expresa el sentido común de la calidad humana de las conductas sociales: es decir, la
costumbre y el *êthos* de la pertenencia y de la participación en la condición humana, históricamente
perceptibles en las formas simbólicas, prácticas y
teóricas de la vida de un pueblo. En tal horizonte,
lo *jurídico* es una de las formas vinculantes de la cultura relacional *(derecho)* que compromete a todos,
mientras que la *cultura* es el primer acceso a la experiencia de la vida buena que da sentido a la libertad *(ética)*. Lo bueno está implicado en lo justo que
vincula la responsabilidad comunitaria de cada uno,
pero lo justo regula situaciones diferentes, relativas
al bien común de la vida social de todos. Se deriva
que una ley jurídica no debe ni subestimarse, como
si no tuviera ninguna relevancia en el campo ético
–aquí se plantea el clásico tema de la *pendiente res-
baladiza*– ni sobrestimarse, como si ella sola pudiera
determinar la costumbre y el obrar; ella es de hecho
más el *fruto* que la *causa*.

Precisamente en la cultura se abre el tema de la
presencia y del testimonio de los creyentes, en cuanto que también ellos participan en el debate público,
intelectual, político y jurídico. La contribución de
los cristianos se realiza *dentro* de las diferentes culturas: no por *encima* –como si poseyeran una verdad
dada *a priori*– ni por *debajo* –como si fueran porta-

dores de una opinión sin compromiso de testimonio de la justicia compartible: subjetivamente respetable, pero prejuiciosamente parcial y dogmática, por tanto, objetivamente inaceptable. Entre creyentes y no creyentes se establece así una relación de *aprendizaje recíproco*. La contribución de los cristianos concierne al testimonio de las *formas* de lo *humano* implicadas en el Evangelio de Jesús, como lo testimonian la mejor Tradición y el Magisterio más alto a lo largo de los siglos, contribuyendo a constituir una referencia de primera importancia.

Desde esta perspectiva de largo plazo y de amplio horizonte debe interpretarse también la reciente declaración *Dignitas infinita*[1], que se sitúa en un plano eminentemente doctrinal. Podemos también notar cómo el documento no elabora una reflexión conjunta sobre la relación entre ética y esfera jurídica. Permanece por tanto abierto el espacio para la búsqueda de mediaciones en el plano legislativo, según el tradicional principio de las *leyes imperfectas*.

De este modo los creyentes asumen su responsabilidad de dar razón a todos del sentido ético (universal) desvelado en la fe cristiana.

Concluyo dándoles las gracias al p. Carlo Casalone y a mons. Renzo Pegoraro, que se encargaron de la redacción de las voces –con la colaboración de Alberto Giannini, Mario Picozzi y Stefano Semplici

---

[1] Para una lectura de *Dignitas infinita* en este sentido y en el marco más reciente del Magisterio del papa Francisco, cf V. PAGLIA, «Guida alla lettura», en DICASTERIO PER LA DOTTRINA DELLA FEDE, *Dignitas infintia,* San Paolo, Cinisello Balsamo 2024.

18

para la redacción final–, a Nunziata Comoretto por la contribución ofrecida a la voz *sedación paliativa profunda** y a Margherita Daverio por las voces *autonomía** y *planificación anticipada de los cuidados**. Agradezco también a Fabrizio Mastrofini el trabajo de revisión y edición del texto.

+ Vincenzo Paglia,
presidente de la Pontificia Academia para la Vida

Abreviaturas
de los textos citados

AMM – Asociación Médica Mundial (2022), *Código Internacional de Ética Médica,* en: https://www.wma.net/policies-post/wma-international-code-of-medical-ethics/.

CBE – Comité de Bioética de España (2020), *Informe del Comité de Bioética de España sobre el final de la vida y la atención en el proceso de morir, en el marco del debate sobre la regulación de la eutanasia: propuestas para la reflexión y la deliberación,* en: https://www.cibir.es/files/biblioteca/2020-informe-eutanasia-cbe.pdf.

CC – Corte Constitucional de Italia (2019), *Sentencia n. 242,* en: https://www.cortecostituzionale.it/actionSchedaPronuncia.do?anno=2019&numero=242.

CCE – Catecismo de la Iglesia Católica (1992), Ciudad del Vaticano, LEV, en: https://www.vatican.va/archive/catechism_sp/index_sp.html.

CDC – Código de Derecho Canónico (1983), Ciudad del Vaticano, LEV, en: https://www.vatican.va/archive/cod-iuris-canonici/cic_index_sp.html.

CDF – Congregación para la Doctrina de la Fe (1980), *Iura et Bona. Declaración sobre la eutanasia* (5 de mayo), en: https://www.vatican.va/roman_curia/congregations/cfaith/documents/rc_con_cfaith_doc_19800505_eutanasia_it.html.

CDF – Congregación para la Doctrina de la Fe (2007), *Respuestas a cuestiones de la Conferencia Episcopal de los Estados Unidos sobre la alimentación e hidratación artificiales* (1 de agosto), en: https://www.vatican.va/roman_curia/congregations/cfaith/documents/rc_con_cfaith_doc_20070801_risposte-usa_it.html.

CDF – Congregación para la Doctrina de la Fe (2007b, 1 de agosto), *Artículo de comentario,* en: https://www.vatican.va/roman_curia/congregations/cfaith/documents/rc_con_cfaith_doc_20070801_nota-commento_sp.html.

CDF – Congregación para la Doctrina de la Fe (2016), *Ad resurgendum cum Christo* (15 de agosto), en: https://www.vatican.va/roman_curia/congregations/cfaith/documents/rc_con_cfaith_doc_20160815_ad-resurgendum-cum-christo_it.html.

CDF – Congregación para la Doctrina de la Fe (2020), *Samaritanus bonus sobre el cuidado de las personas en fases críticas y terminales de la vida* (22 de septiembre), en: https://www.vatican.va/roman_curia/congregations/cfaith/documents/rc_con_cfaith_doc_19800505_euthanasia_sp.html.

CE – Consejo de Europa (1997), *Convenio sobre Derechos Humanos y Biomedicina (Convenio de Oviedo)* (4 de abril), en: https://rm.coe.int/168007d003.

CEE – Conferencia Episcopal Española-Subcomisión Episcopal para la Familia y Defensa de la Vida (2019), *Sembradores de esperanza. Acoger, proteger y acompañar en la etapa final de esta vida,* en: https://www.conferenciaepiscopal.es/interesa/eutanasia/sembradores-de-esperanza/.

CGCOM – Consejo General de Colegios Oficiales de Médicos de España (2022), *Código de Deontología Médica: Guía de ética médica,* Organización Médica Colegial de España, en: https://senec.es/images/site/SOCIOS/2023-OMC-Codigo-de-Deontologia-Medica-3.pdf.

CGEE – Consejo General de Enfermería de España (1998), *Código Deontológico de la Enfermería Española (texto actualizado según las Resoluciones 32/1989 y 2/1998),* en: https://www.consejogeneralenfermeria.org/pdfs/deontologia/codigo_deontologico.pdf.

CNB – Comité Nacional de Bioética Italiano (2008), *Rechazo y renuncia consciente al tratamiento sanitario,* en: https://bioetica.governo.it/media/1637/p81_2008_rifiuto_rinuncia_paziente_medico_abs_it.pdf.

CNB – Comité Nacional de Bioética Italiano (2010), *La donación en vida del riñón a personas desconocidas (la llamada donación samaritana),* en: https://bioetica.governo.it/media/3487/p88_2010_donazione_samaritana_it.pdf.

CNB – Comité Nacional de Bioética Italiano (2016), *La sedación paliativa profunda continua en la inminencia de la muerte,* en: https://bioetica.governo.it/media/1804/p122_2016_sedazione_profonda_it.pdf.

CNB – Comité Nacional de Bioética Italiano (2019), *Informe sobre el Suicidio Médicamente Asistido,* en: https://www.biodiritto.org/Biolaw-pedia/Docs/Comitato-Nazionale-per-la-Bioetica-Parere-in-materia-di-Suicidio-Medicalmente-Assistito.

CNB – Comité Nacional de Bioética Italiano (2020), *Encarnizamiento clínico u obstinación irracional de los tratamientos en niños pequeños con expectativas de vida limitadas,* en: https://bioetica.governo.it/media/3957/m22-2020-accanimento-clinico-o-ostinazione-irragionevole-dei-trattamenti-sui-bambini-piccoli-con-limitate-aspettative-di-vita.pdf.

CNB – Comité Nacional de Bioética Italiano (2023), *Cuidados paliativos,* en: https://bioetica.governo.it/media/golnjncp/p151_2023-cure-palliative-pubblicazione.pdf.

CP – Código Penal Italiano (2025), en: https://www.altalex.com/documents/codici-altalex/2014/10/30/codice-penale.

DDF – Dicasterio para la Doctrina de la Fe (2023), *Respuesta a dos cuestiones relativas a la conservación de las cenizas de los difuntos sometidos a*

cremación (9 de diciembre), en: https://www.
vatican.va/roman_curia/congregations/
cfaith/documents/rc_ddf_doc_20231209_
risposta-card-zuppi-ceneri_it.html.

DDF – Dicasterio para la Doctrina de la Fe (2024),
Dignitas infinita sobre la dignidad humana
(25 de marzo), en: https://www.vatican.va/ro
man_curia/congregations/cfaith/documents/
rc_ddf_doc_20240402_dignitas-infinita_
sp.html.

DMS – Ministerio de Sanidad Italiano (1994), *Decreto n. 582 (22 de agosto). Reglamento sobre los
procedimientos para la constatación y certificación de la muerte,* en: https://www.gazzettauffi
ciale.it/eli/id/1994/10/19/094G0623/sg.

DMS – Ministerio de Salud Italiano (2008), *Decreto 11 de abril. Actualización del decreto n. 582
(22 de agosto de 1994), relativo al Reglamento sobre los procedimientos para la constatación y certificación de la muerte,* en: https://
www.gazzettaufficiale.it/eli/id/2008/06/
12/08A04067/sg.

FNOMCEO – Federación Nacional de Órdenes de
Médicos Cirujanos y Odontólogos de Italia
(2014), *Código deontológico,* en: https://omceo-
to.it/wp-content/uploads/2022/12/codice-
deontologico-3_1-Corretto.pdf.

FNOPI – Federación Nacional de Órdenes de Pro-
fesiones de Enfermería de Italia (2019), *Código deontológico,* en: https://www.fnopi.it/
norme-e-codici/deontologia/.

FRANCISCO (2015), *Carta encíclica Laudato si' sobre el cuidado de la casa común,* Ciudad del Vaticano, LEV, en: https://www.vatican.va/content/fran cesco/es/encyclicals/documents/papa-fran cesco_20150524_enciclica-laudato-si.html.

FRANCISCO (2017), *Mensaje para el Encuentro regional europeo de la Asociación Médica Mundial sobre las cuestiones del «final de la vida»* (16 de noviembre), en: https://press.vatican.va/content/salastampa/es/bollettino/pubblico/2017/11/16/pag.html.

FRANCISCO (2019), *Discurso a la Asociación italiana para la donación de órganos, tejidos y células (AIDO)* (13 de abril), en: https://www.vatican.va/content/francesco/es/speeches/2019/april/documents/papa-francesco_20190413_donazione-organi.html.

JUAN PABLO II (1984), *Carta apostólica Salvifici doloris sobre el sentido cristiano del sufrimiento humano,* Ciudad del Vaticano, LEV, en: https://www.vatican.va/content/john-paul-ii/es/apost_letters/1984/documents/hf_jp-ii_apl_11021984_salvifici-doloris.html.

JUAN PABLO II (1995), *Carta encíclica Evangelium vitae sobre el valor y la inviolabilidad de la vida humana,* Ciudad del Vaticano, LEV, en: https://www.vatican.va/content/john-paul-ii/es/encyclicals/documents/hf_jp-ii_enc_25031995_evangelium-vitae.html.

JUAN PABLO II (2000), *Discurso al XVIII Congreso internacional de la Sociedad de Trasplantes* (29 de agosto), en: https://www.vatican.va/content/

john-paul-ii/es/speeches/2000/jul-sep/
documents/hf_jp-ii_spe_20000829_
transplants.html.

Legge (1967), *Ley n. 458 (26 de junio). Trasplante de riñón entre personas vivas,* en: https://www.
normattiva.it/uri-res/N2Ls?urn:nir:stato:
legge:1967-06-26;458.

Legge (1993), *Ley n. 578 (9 de diciembre). Normas para la constatación y certificación de la muerte,* en:
www.fnopi.it/archivio_news/leggi/255/L2
91293n578.pdf.

Legge (1999), *Ley n. 91 (1 de abril). Disposiciones sobre la extracción y el trasplante de órganos y tejidos,* en: https://www.parlamento.it/parlam/
leggi/99091l.htm.

Legge (2010), *Ley n. 38 (15 de marzo). Disposiciones para garantizar el acceso a los cuidados paliativos y a la terapia del dolor,* en: https://www.
parlamento.it/parlam/leggi/10038l.htm.

Legge (2017), *Ley n. 219 (22 de diciembre). Normas sobre consentimiento informado y disposiciones anticipadas de tratamiento,* en: https://
www.gazzettaufficiale.it/eli/id/2018/1/16/
18G00006/sg.

Ley (2002), *Ley n. 41 (14 de noviembre). Ley básica reguladora de la autonomía del paciente y de derechos y obligaciones en materia de información y documentación clínica,* en: https://www.boe.
es/eli/es/l/2002/11/14/41/con.

Ley (2003), *Ley n. 16 (28 de mayo). Ley de cohesión y calidad del Sistema Nacional de Salud,* en: https:
//www.boe.es/eli/es/l/2003/05/28/16/con.

Ley Orgánica (2021), *Ley Orgánica n. 3, 24 de marzo, de regulación de la eutanasia,* en: https://www.boe.es/eli/es/lo/2021/03/24/3.

Loi n. 2016-87 (2 de febrero), *llamada Claeys-Leonetti, que crea nuevos derechos en favor de los enfermos y las personas que están al final de su vida,* en: https://www.legifrance.gouv.fr/jorf/id/JORFTEXT000031970253.

MSC – Ministerio de Sanidad y Consumo español (2007), *Estrategia en cuidados paliativos del Sistema Nacional de Salud,* Madrid, Ministerio de Sanidad y Consumo, en: https://www.sanidad.gob.es/areas/calidadAsistencial/estrategias/cuidadosPaliativos/docs/estrate giaCuidadosPaliativos.pdf.

OMC / SECPAL – Organización Médica Colegial / Sociedad Española de Cuidados Paliativos (2015), *Declaración OMC–SECPAL: Definición de cuidados paliativos, obstinación terapéutica, eutanasia y suicidio asistido,* en: https://www.secpal.org/declaracion-omc-secpal-defini cion-de-cuidados-paliativos-obstinacion-terapeutica-eutanasia-y-suicidio-asistido/.

OMS – Organización Mundial de la Salud (1990), *Alivio del dolor en el cáncer y cuidados paliativos. Informe de un Comité de Expertos de la OMS,* Serie de Informes Técnicos, n. 804, Ginebra.

PAROLIN, P. (2018), *Discurso para el Congreso internacional de la Pontificia Academia para la Vida sobre los Cuidados Paliativos* (28 de febrero), en: https://press.vatican.va/content/

salastampa/es/bollettino/pubblico/2018/
02/28/par.html.

PAV – Pontificia Academia para la Vida (2019), *Libro
Blanco para la promoción de los cuidados paliativos en el mundo,* Ciudad del Vaticano, LEV,
en: https://www.academyforlife.va/content/
pav/it/pallife/libro-bianco.html.

PÍO XII – *Discurso en respuesta a tres preguntas sobre la analgesia* (24 de febrero de 1957), en:
https://www.vatican.va/content/pius-xii/
es/speeches/1957/documents/hf_p-xii_
spe_19570224_anestesiologia.html.

PÍO XII – *Discurso en respuesta a tres preguntas de
moral médica sobre la reanimación* (24 de noviembre de 1957), en: https://www.vatican.
va/content/pius-xii/es/speeches/1957/docu
ments/hf_p-xii_spe_19571124_rianimazio
ne.html.

POS – Consejo Pontificio para la Pastoral de los
Agentes Sanitarios (2016), *Nueva Carta de
los Agentes Sanitarios,* Ciudad del Vaticano,
LEV, en: https://www.humandevelopment.
va/es/risorse/documenti/nuova-carta-degli-
operatori-sanitari.html.

Real Decreto (2012), *Real Decreto, 28 de diciembre,
por el que se regulan las actividades de obtención, utilización clínica y coordinación territorial de los órganos humanos destinados al
trasplante y se establecen requisitos de calidad
y seguridad,* en: https://www.boe.es/eli/es/
rd/2012/12/28/1723/con.

28

Real Decreto (1999), *Real Decreto, de 30 de diciembre, por el que se regulan las actividades de obtención y utilización clínica de órganos humanos y la coordinación territorial en materia de donación y trasplante de órganos y tejidos,* en: https://www.boe.es/eli/es/rd/1999/12/30/2070.

UNPS – Oficina Nacional para la Pastoral de la Salud de la Conferencia Episcopal Italiana (2020), *Al atardecer de la vida. Reflexiones sobre la fase terminal de la vida terrenal,* Roma, Editoriale Romani.

Acompañamiento

El acompañamiento es una dimensión fundamental de la relación de cuidado: expresa una actitud de acogida y solidaridad hacia la persona enferma, que también constituye la base de la práctica clínica en sus distintas formas operativas. Más en general, es una disposición que debe considerarse un rasgo característico de cualquier relación humana vivida con responsabilidad. El acompañamiento se vuelve especialmente arduo y complejo cuando la muerte se acerca: se trata de «"saber estar", velar con quien sufre la angustia de morir, "consolar", o sea de ser-con en la soledad, de ser co-presencia que abre a la esperanza» (CDF, 2020, V,1). El primer paso que surge de la necesidad fundamental de poner en el centro a la persona enferma es una escucha atenta y disponible ante las preguntas, a menudo muy incómodas, que surgen en esta fase tan delicada de la vida. Quien acompaña también se enfrenta a interrogantes fundamentales que lo involucran, para los que a menudo no está preparado: acercarse y permanecer cerca de quien ve acercarse la muerte conduce a cuestionarse a uno mismo. Quien acompaña se ve impactado por las mismas preguntas que enfrenta quien es acompañado: el sentido de la vida y el sufrimiento, la dignidad, la soledad, el miedo al abandono y, en ocasiones, también la petición de poner fin a la vida.

Esta última es una solicitud con muchas implicaciones, que evocan la culpa, la vergüenza, el dolor, la impotencia y el deseo de no perder el control. El juego de proyecciones entre el enfermo y quien lo cuida es muy intrincado: distinguir entre «sufre demasiado» y «sufro demasiado [al verlo así]» no es en absoluto fácil, al igual que es muy laborioso tomarse en serio la petición de una relación que ayude a vivir la soledad radical de la muerte. Una comunicación sincera y al mismo tiempo personalizada, adaptada a las capacidades y la voluntad que cada persona tiene para recibir y comprender –cognitiva y emocionalmente– la información relacionada con su salud y con el agravamiento de la enfermedad, forma parte de este proceso y fortalece la relación. A veces, esto implica superar una reticencia que –quizás disfrazada de respeto hacia el otro– oculta el miedo a ser inoportunos y a mostrar una escucha poco sensible, incapaz de modular no solo *qué* y *cuánto* decir, respetando siempre la autonomía de la persona y su derecho a *saber,* sino también el *cómo.*

El acompañamiento, en este contexto, exige un profundo trabajo personal, así como un esfuerzo en los planos social y cultural, para desarrollar la capacidad de ser solidarios frente a los límites, la separación y el tránsito de la muerte. Es necesario reconciliarse con la impotencia, incluso más allá del campo específico de la intervención médica. Esta es una tarea particularmente difícil en una época marcada por la eficiencia técnica centrada en el control y el resultado. Requiere, incluso por parte de los cuidadores, una revisión seria de la propia experiencia, incluyendo la conciencia de la finitud y la mortalidad, también las propias. Concretamente, significa reconocer que a través de la muerte se alcanza el límite del tiempo en que se cumple la existencia, que fija un término inaplazable a nuestras acciones. Aceptar este reto es un ejercicio exigente.

Los *cuidados paliativos** y la cultura que representan favorecen el diálogo sobre estas cuestiones radicales, enfrentando los temores evocados por el *dolor** y la enfermedad, y trabajando eficazmente para mantener y restaurar los vínculos donde el dolor los rompe e interrumpe. El objetivo es, sin duda, responder a las múltiples necesidades de la persona: aliviar los síntomas, brindar apoyo psicológico y espiritual. El cuidado espiritual, entendido de manera genérica, se refiere a un sentido de conexión con algo más grande que nosotros mismos y, desde esta perspectiva, puede conectarse con una experiencia humana universal, algo que toca a todos.

También los familiares están involucrados en este proceso y deben ser considerados interlocutores importantes en el acompañamiento. Fortalecer las relaciones, a menudo sometidas a pruebas muy duras, es un camino privilegiado para enfrentar el dolor: si este separa, la vida vincula, y los vínculos son lo que ayuda a vivir. Existe una necesidad de no sentirse solo, y la comunicación es un ámbito privilegiado para responder a ello. Es un objetivo que perseguir con delicadeza, prestando atención a ajustar el diálogo a las preguntas, sin invadir ni excederse. El afecto alimenta la capacidad de intuir el momento adecuado: no se trata de una técnica, sino de una actitud de empatía y compasión, que anuncia las razones de una esperanza que no es derrotada por la separación de la muerte. Sin duda, para los creyentes, la familiaridad con la contemplación del Cristo sufriente es un consuelo: puede ser el camino a través del cual la prueba, vivida como una participación en el don de su vida, se recibe como una gracia que transfigura. Precisamente en esta línea, la vida sacramental, especialmente la Unción de los enfermos es una ayuda.

Se trata, por tanto, de proponer a quien sufre palabras y tonos que transmitan la importancia que su persona tiene para su interlocutor: *si tú mueres, para mí es una pérdida*. Identificar los hilos que pueden recomponer una trama es la forma de experimentar una pertenencia mutua y de enfrentar las decisiones difíciles que la muerte hace inaplazables. En el fondo, acompañarse mutuamente, vinculándose unos a otros, define el paradigma de la vida humana: estrechar la mano de quien está muriendo se convierte en una de las prácticas de solidaridad más urgentes y profundas.

Es fundamental que, especialmente en este contexto, la medicina no se limite a ser una práctica técnica enfocada en obtener resultados, sino que integre sus intervenciones dentro de una actuación que implique sabiduría. De este modo, las herramientas de la medicina pueden convertirse en parte de un lenguaje que, como siempre ha hecho la humanidad, permita comprender el sufrimiento, encontrar nuevas formas de afrontarlo y buenas razones para seguir viviendo. Mitigar el *dolor**, evitando que este oscurezca con su agresividad cualquier otra experiencia e impida plantearse preguntas y cultivar relaciones, es un servicio encomiable que la ciencia y la técnica pueden prestar. Y, a un nivel más profundo, la tarea principal es integrar los innegables y positivos avances de la medicina dentro de un enfoque que valore la calidad de las relaciones humanas, aceptando los límites incluso en el contexto cultural actual que valora el *poder* de la ciencia.

Autonomía y autodeterminación

El principio de autonomía (del sujeto/paciente), en particular del enfermo que atraviesa un proceso diagnóstico-terapéutico, se refiere a la libertad de evaluar y decidir sobre sí mismo, es decir, de autodeterminarse, a la luz de las indicaciones recibidas por el médico. Según este principio, ningún tratamiento médico puede llevarse a cabo sobre una persona sin su consentimiento consciente e informado (cf CE, 1997, art. 5), y el médico debe respetar el derecho del paciente a aceptar o rechazar libremente el tratamiento que se le propone, en coherencia con sus valores y preferencias (cf AMM, 2022, art. 13). En España este derecho está reconocido en la Ley reguladora de la autonomía del paciente (Ley, 2002, art. 2.4).

Filosóficamente, el principio de autonomía se fundamenta en la identidad de la persona libre, dotada de la correspondiente responsabilidad hacia sí misma y hacia los demás. En el ámbito bioético, este principio se ha afirmado como oposición al llamado *paternalismo,* es decir, al desequilibrio en la relación entre médico y paciente, que favorecía al profesional sanitario, autorizado a decidir sobre la salud del paciente sin necesidad de involucrarlo. Jurídicamente se expresa, como ya se mencionó, en el reconocimiento del consentimiento del paciente, basado en una información adecuada proporcionada por el médico, como condición para cualquier tratamiento sanitario.

Sin poner en duda la claridad de estas indicaciones y, de hecho, con el objetivo de respetar plenamente la libertad de las personas, se hacen necesarios algunos análisis adicionales. Sería un error equiparar simplemente la autonomía del paciente con la autodeterminación de un sujeto entendido como autorreferencial y aislado: el individuo decide si atribuir a la vida un valor o un desvalor en las distintas condiciones de existencia, de salud o de sufrimiento, y bajo ciertas condiciones de malestar o enfermedad. La autodeterminación puede extenderse hasta la solicitud de poner fin a su propia vida. El riesgo es no considerar con suficiente atención la fragilidad del enfermo –y de todos– cuando se encuentra en condiciones de especial vulnerabilidad, de *dolor** y sufrimiento, que requieren un *acompañamiento** médico y humano específico. Además, este enfoque parece interpretar al sujeto como independiente de su contexto relacional, social y ambiental.

Sin embargo, el ser humano siempre ejerce una autonomía en relación, es decir, situada en un espacio y un tiempo, dentro de redes específicas de relaciones con otros –como las redes familiares y sociales, cuya ausencia (si se da) se reconoce como una carencia–, desde el inicio de la existencia hasta las condiciones de fragilidad que caracterizan la enfermedad. Estos son factores que, aunque ciertamente limitan, también representan la condición concreta de posibilidad de cualquier elección, abriendo a la integración y al vínculo con los demás en el desarrollo de decisiones que configuran la fisonomía de la existencia. Desde esta perspectiva, el Magisterio eclesial ha señalado que aceptar la petición de un enfermo que solicita la *eutanasia** no significa valorar su libertad, sino desconocer el fuerte condicionamiento que ejercen sobre ella la enfermedad y el *dolor*,* optando por una solución que le niega «toda posibilidad ulterior de relación humana», además de su «sentido de la existencia y crecimiento en la vida teologal» (CDF, 2020, par. III).

La autonomía del paciente no debe verse solo como el deber de no interferir, sino también, «de manera positiva, como la fuente del deber del médico de informar al paciente y verificar, en un auténtico proceso de comunicación, la efectiva comprensión de la información proporcionada; [...] como la capacidad del mismo médico de escuchar y comprender las solicitudes del paciente, capacidad necesaria para identificar las opciones terapéuticas más adecuadas y respetuosas con la persona en su totalidad» (CNB, 2008). La decisión es del enfermo, pero debería enmarcarse en la dinámica de una ampliación *relacional* de la propia autonomía, que incluye el diálogo entre médico y paciente en la evaluación de su situación concreta. El enfermo «exige disponibilidad, atención, comprensión, acompañamiento, diálogo, junto con pericia, competencia y conciencia profesional» (POS, 2016, n. 4). De este modo, el pleno respeto de su autonomía se conecta con una relación de cuidado que expresa un compromiso profundamente humano y, de este modo, el consentimiento informado se convierte en el punto de equilibrio «donde se encuentran la autonomía decisional del paciente y la competencia, autonomía profesional y responsabilidad del médico» (Legge, 2017, art. 1, c.2).

Coma, estado vegetativo y estado de mínima consciencia

El coma es una condición clínica compleja, causada principalmente por traumatismos y accidentes cardiovasculares que implican una reducción de la oxigenación cerebral, aunque también puede deberse a agentes infecciosos o tóxicos. Se caracteriza por una grave alteración del funcionamiento cerebral y del estado de consciencia, lo que implica la ausencia de consciencia de uno mismo y del medio. En el coma, incluso en los casos más graves, las células cerebrales están vivas y emiten una señal eléctrica detectable mediante el electroencefalograma u otras técnicas. El coma abarca diferentes etapas, de gravedad variable –mesurables con escalas de evaluación bien definidas–, que pueden evolucionar de forma distinta, tanto empeorando como mejorando. También puede ser inducido de manera transitoria por los médicos, por necesidades específicas y, en este caso, se denomina *coma farmacológico*. Es importante precisar que el paciente en coma es una persona viva que debe ser tratada de la mejor manera y con cuidados intensivos. De hecho, muchos pacientes recuperan posteriormente la consciencia y llegan a sanar. Por otro lado, el coma puede evolucionar hacia un estado vegetativo, sin recuperación de la consciencia, y, en los casos más graves, hacia la muerte cerebral.

40

El estado vegetativo (EV) es una condición clínica en la que están presentes la mayoría de los reflejos neurovegetativos, que permiten mantener la temperatura corporal, la presión arterial, la respiración, el ritmo cardíaco y el ciclo sueño-vigilia, aunque en la mayoría de los casos se pierde la regulación intestinal y vesical. Los pacientes pueden presentar reflejos complejos que incluyen la deglución, movimientos oculares, bostezos y algunos automatismos motores, como reacciones involuntarias en respuesta a estímulos mecánicos que, en condiciones normales, provocarían *dolor**. Se trata, por lo tanto, de pacientes vivos, pero que no muestran ninguna función cognitiva ni actividad motora, ni consciencia de sí mismos o del medio que los rodea. No son capaces de seguir un estímulo visual con la mirada, de articular palabras, de ejecutar ni siquiera órdenes verbales simples o movimientos con un propósito definido. Por ello, no es posible establecer ninguna comunicación con ellos.

Desde 2002, a nivel internacional, se ha decidido evitar calificar el *estado vegetativo* con los adjetivos *permanente* y *persistente,* aunque esta distinción sigue siendo comúnmente utilizada. Simplemente se indica desde hace cuánto tiempo persiste la condición clínica, dado que su duración implica una progresiva disminución de la posibilidad de recuperación de la consciencia y de las funciones corporales.

El *estado de mínima conciencia* (EMC) describe una condición en la que están presentes pequeños signos conductuales que demuestran que hay consciencia de uno mismo y/o del medio, aunque muy reducida en comparación con la funcionalidad plena. El EMC es una de las posibles evoluciones del coma. El término siempre ha sido objeto de debate, debido a la existencia de muchos aspectos en común con el estado vegetativo, del cual se diferencia por elementos muy sutiles que, sin embargo, tienen importancia desde el punto de vista del pronóstico y del tratamiento. Dada la complejidad de la materia y los continuos avances en el campo de la neurología, es importante contar con diagnósticos precisos mediante las herramientas más avanzadas de investigación.

La cuestión de los tratamientos que se deben proporcionar a la persona en EV ha sido ampliamente debatida, especialmente en relación con el tema de la *nutrición e hidratación artificiales* (NHA)*. En cualquier caso, es fundamental definir los objetivos terapéuticos dentro de un enfoque integral que preste atención a la persona enferma, así como a quienes la rodean y a sus necesidades psicológicas y espirituales.

Cremación

Derivado del verbo latino *cremare* (quemar), el término *cremación* indica la combustión del cadáver. Una práctica de la que se encuentran evidencias desde la antigüedad: ya en las obras de Homero, las batallas se alternaban con momentos de pausa para rendir honor a los caídos, quienes eran solemnemente quemados en imponentes piras siguiendo ritos apropiados. La cremación sigue siendo común en algunas poblaciones, especialmente orientales.

La comunidad cristiana adoptó desde sus inicios la costumbre judía de la inhumación, considerada más acorde con el significado simbólico del cuerpo, su finitud y su destino: confiar el cadáver a la tierra simboliza que la muerte es un estado de sueño, en espera del despertar de la resurrección. Por ello, el cementerio es el *dormitorio* (según la etimología griega), donde el cadáver es inhumado. Diversas expresiones bíblicas, que evocan el retorno del hombre a la tierra *(humus)* ahondan en esta perspectiva (cf Génesis 3,19; Sirácida 40,1; Juan 11,11). La sepultura prevaleció durante muchos siglos en Europa, aunque no faltaron excepciones. Un ejemplo es la cremación de 60.000 cadáveres durante la epidemia de peste negra en Nápoles, en 1656. Desde finales del siglo XIX, la cremación ha ganado una creciente difusión, impulsada también por la creación de asociaciones que promovían esta práctica. Las motivaciones eran principalmente de índole higiénico-sanitaria, aunque también había actitudes polémicas que buscaban negar cualquier tipo de vida ultraterrena.

Frente a estas opiniones, la Iglesia católica mantuvo una posición favorable a la inhumación, aunque históricamente –desde los tiempos en que los mártires eran quemados por los perseguidores como burla a la resurrección– la incineración de los cuerpos nunca fue considerada incompatible con la fe cristiana. La resurrección de los cuerpos no será un retorno de un cuerpo materialmente idéntico al anterior, sino una nueva realidad de vida que implica una transformación radical, aunque no completamente desvinculada de la existencia terrena.

El primer documento de condena de la Congregación del Santo Oficio data de tiempos relativamente recientes (19 de mayo de 1886) y, junto con los publicados posteriormente, prohibía solicitar la cremación y negaba los sacramentos y la sepultura eclesiástica a quienes la solicitaban. Con el tiempo, estas prohibiciones se han ido suavizando gradualmente. Como ya se ha mencionado, estas restricciones podían ser levantadas en circunstancias excepcionales, como guerras y epidemias, o por razones culturales –como en el caso de los cristianos en India, ligados a las tradiciones locales–.

El Código de Derecho Canónico sostiene, en resumen, una preferencia por la sepultura, pero elimina cualquier prohibición a la cremación, «a no ser que haya sido elegida por razones contrarias a la doctrina cristiana» (CDC, 1983, art. 1176); en este caso, se mantiene la consecuencia de la privación de las exequias eclesiásticas (CDC, 1983, art. 1184). Las cenizas –según un documento de la Congregación para la Doctrina de la Fe de 2016– deben ser guardadas en un lugar adecuado, como un cementerio –o eventualmente una iglesia–, excluyéndose la posibilidad de conservarlas en casa –salvo en circunstancias «graves y excepcionales»– o dispersarlas en lugares abiertos. Esta decisión buscaba «reducir el riesgo de sustraer a los difuntos de la oración y el recuerdo de los familiares y de la comunidad cristiana», además de evitar «olvidos y faltas de respeto», así como «prácticas inconvenientes o supersticiosas» (CDF, 2016, nn. 5-7).

Recientemente, el Dicasterio para la Doctrina de la Fe –nuevo nombre de la anterior Congregación– ha revisado estas disposiciones en respuesta a algunas cuestiones planteadas sobre el tema, dado el «incremento en la elección de cremar a los difuntos» y de dispersar las cenizas en la naturaleza, con el riesgo de «priorizar las razones económicas derivadas del menor costo de la dispersión». En su respuesta del 9 de diciembre de 2023, el Dicasterio autoriza conservar «una mínima parte de las cenizas de un ser querido en un lugar significativo para la historia del difunto», siempre que «se excluya cualquier tipo de confusión panteísta, naturalista o nihilista». También se permite habilitar un lugar sagrado «para el almacenamiento conjunto y la conservación de las cenizas de los bautizados fallecidos», es decir, un columbario común donde se depositen las cenizas individuales, «indicando los datos personales de cada uno para no perder la memoria nominal» (DDF, 2023).

Cuidados paliativos

Los cuidados paliativos fueron definidos en 1989 por la Asociación Europea de Cuidados Paliativos como el «cuidado total activo de los pacientes cuya enfermedad no responde a tratamiento curativo. El control del dolor y de otros síntomas y de problemas psicológicos, sociales y espirituales es primordial». Esta definición, que se recoge en muchos documentos, fue asumida por la Organización Mundial de la Salud cinco años después (cf OMS, 1994) y, en España, por el Ministerio de Sanidad y Consumo (MSC, 2007, p. 22). Por su parte, la Sociedad Española de Cuidados Paliativos (SECPAL) y la Organización Médica Colegial (OMC) los definieron como aquellos que «proporcionan una atención integral a los pacientes cuya enfermedad no responde a tratamiento curativo y donde es primordial el control de síntomas, especialmente del *dolor**, así como el abordaje de los problemas psicológicos, sociales y espirituales»; afirmando, además, que «tienen un enfoque interdisciplinario e incluyen al paciente, la familia y su entorno, ya sea en casa o en el hospital» (OMC-SECPAL, 2015)[1].

---

[1] El Comité Nacional de Bioética Italiano los define como «un cuidado integral y global, orientado a preservar y mejorar la ca-

El término *paliativo* proviene del latín *pallium,* que significa manto o *protección,* algo que envuelve, protege y alivia. Fue introducido en el ámbito anglosajón a finales de los años sesenta para describir un cuidado integral y multidisciplinar para pacientes con enfermedades como el cáncer y patologías neurodegenerativas, que no tienen cura y avanzan hacia el desenlace final.

La atención inicial a pacientes oncológicos llevó a que los cuidados paliativos se centraran especialmente en el tratamiento del *dolor** y en las últimas semanas de vida. El aumento de la eficacia de los tratamientos ha mejorado las condiciones de vida, pero también ha prolongado el tiempo de convivencia con la enfermedad. Esto es válido tanto para el ámbito oncológico como para enfermedades crónicas. Por ello, el alcance de los cuidados paliativos se ha ampliado, garantizando un enfoque más global que atienda a todos los aspectos del paciente en las distintas etapas de la vida –infantil, adulta y geriátrica–. Cada vez se habla más de cuidados paliativos precoces, no solo en la fase terminal de la enfermedad, y de cuidados paliativos simultáneos, es decir, en combinación con tratamientos dirigidos a las causas de la enfermedad.

---

lidad de vida de los pacientes con enfermedades graves crónicas y progresivas, así como la de sus familias, adaptándose a sus necesidades específicas para aliviar el dolor y el sufrimiento». Afirman que los cuidados paliativos «siguen un modelo asistencial que acompaña el proceso de morir como un evento que debe ser acompañado, sin la intención de acelerarlo ni de retrasarlo de forma irrazonablemente obstinada» (CNB, 2023, p. 27).

En España, el acceso a estos cuidados y la organización de la red de cuidados paliativos –atención domiciliaria y hospitalaria– no están regulados a nivel nacional[2]. Aunque la ley establece el derecho de todo ciudadano a recibir una asistencia de calidad, incluyendo la atención paliativa del paciente terminal (Ley, 2003), el único instrumento real que existe para llevarlo a la práctica es la Estrategia en Cuidados Paliativos del Sistema Nacional de Salud (MSC, 2007 y actualizado en 2010). Es una guía, sin rango de ley, elaborada por el Ministerio de Sanidad que marca estándares y principios para la atención paliativa en España. Sirve de referencia para las comunidades autónomas, que tienen las competencias en materia sanitaria. Diez de ellas han aprobado leyes propias que regulan de forma más concreta los cuidados paliativos y la atención al final de la vida: Andalucía, Aragón, Navarra, Galicia, País Vasco, Islas Baleares, Canarias, Comunidad Valenciana, Comunidad de Madrid y Asturias. La diversidad en la legislación, o su inexistencia en siete comunidades, genera una situación de desigualdad que debería paliarse con una ley estatal[3]. Salvando las diferencias,

---

[2] El hecho de que en España se haya aprobado una ley de la *eutanasia** sin que se hayan puesto las garantías legales de acceso a los cuidados paliativos contradice las indicaciones de la OMS –«los gobiernos deben asegurar que han dedicado especial atención a las necesidades de sus ciudadanos en el alivio del dolor y los cuidados paliativos antes de legislar sobre la eutanasia» (OMS, 1990)– y el mínimo sentido ético común.

[3] Por su parte, en Italia, el acceso a estos cuidados y la organización de la red de cuidados paliativos –atención domiciliaria y

el espíritu que define los cuidados paliativos en estas diferentes disposiciones –en línea con las consideraciones de Francia e Italia– puede resumirse en tres puntos fundamentales: la persona enferma, la relación de cuidado y el *acompañamiento**.

El paciente y su familia están en el centro de atención, no la enfermedad ni el órgano afectado. Así, se reconoce a la persona en su singularidad y en sus necesidades físicas, psicológicas, relacionales y espirituales, siendo asistida con respeto a su dignidad, libertad y vulnerabilidad. La relación de cuidado está orientada a una atención estructurada y bien organizada, con el objetivo de garantizar un control eficaz del *dolor**, el alivio de molestias y síntomas que generan sufrimiento en el paciente y afectan también a su familia.

El equipo de atención es multidisciplinar y está compuesto por profesionales que colaboran estrechamente –médicos, enfermeros, psicólogos, asistentes religiosos y voluntarios–, con el objetivo de ofrecer una respuesta integral a las necesidades del paciente, garantizar una visión global de la persona y asegurar la continuidad de los cuidados. Los cuidados paliativos no son «una medicina de la resignación», sino que requieren profesionalidad y un enfoque activo y altamente cualificado para ofrecer una respuesta completa al paciente, porque siempre se puede y se debe cuidar, incluso cuando no es po-

---

hospitalaria– están regulados junto con las disposiciones sobre la terapia del *dolor** (cf Legge, 2010).

sible curar» (cf PAV, 2019, p. 5). El *acompañamiento**
significa proporcionar una atención cercana al paciente y a su familia hasta el final de la vida terrenal,
ofreciendo consuelo, aliviando el dolor y ayudando
a afrontar el *sentido* del proceso de acercarse a la
muerte. De este modo, se pueden prevenir la soledad, los temores y la presión indebida hacia la solicitud de *eutanasia** o *suicidio asistido**. Muy a menudo,
de hecho, la motivación detrás de tales peticiones
no es el deseo de morir, sino el miedo a sufrir. Por
ello, es necesario crear condiciones que permitan
abordar este temor comprensible con una asistencia
adecuada, haciéndola accesible para todos.

La carta *Samaritanus bonus,* retomando diversas
orientaciones del Magisterio de la Iglesia, reafirma
que «*cuidados paliativos* son la expresión más autén-
tica de la acción humana y cristiana del cuidado, el
símbolo tangible del compasivo "estar" junto al que
sufre» (CDF, 2020, n. 4).

Dolor, sufrimiento y terapia del dolor

El dolor es uno de los síntomas que con mayor frecuencia está presente en las fases avanzadas de una enfermedad grave, aunque se manifiesta de diferentes maneras según el tipo y la evolución de la enfermedad, así como el estado físico y psicológico del paciente. A primera vista, el dolor parece ser una señal que informa sobre un evento que amenaza la integridad del organismo, desempeñando así el papel de indicador de un daño en curso o potencial en los tejidos.

Las resonancias emocionales evocadas por el dolor se definen como sufrimiento, el cual se refiere a las repercusiones internas en el plano psicológico y existencial. En los *cuidados paliativos** –especialmente en patologías de origen oncológico–, se habla también de *dolor total,* el cual afecta a la totalidad de la persona, entrelazando de manera intrincada dolor, ansiedad y angustia. Se trata de una situación en la que se ponen en cuestión los significados fundamentales de la vida, su finalidad y su valor, hasta el punto de comprometer el sentido de la dignidad y la voluntad de vivir.

54

El dolor experimentado y la vivencia del sufrimiento se sitúan en un punto intermedio entre el daño (físico) y el significado (existencial). De hecho, el daño es percibido e interpretado de manera diferente según sean la biografía del sujeto, sus sistemas de creencias y la cultura a la que pertenece. Las comunidades humanas han desarrollado recursos lingüísticos, simbólicos y rituales para afrontar esta experiencia, que desafía radicalmente el curso natural de la vida con preguntas como: *¿Por qué a mí? ¿Qué he hecho para merecer este sufrimiento? ¿Por qué he recibido una vida que ahora está tan gravemente dañada o incluso me es arrebatada?*

La presencia del padecimiento en la experiencia existencial nunca puede ser eliminada del todo, y remite a la finitud y la vulnerabilidad propias de la condición humana. Desde el punto de vista biológico, el discurrir de la vida está marcado por un declive progresivo en términos de energía y funcionalidad, que puede verse acentuado por enfermedades específicas hasta llegar al proceso de morir. Lo mismo puede decirse en el plano biográfico: el transcurso de la vida implica separaciones y pérdidas que, aunque por un lado son parte del proceso natural de maduración y crecimiento, por otro lado, generan malestar y sufrimiento. Desde esta perspectiva, podemos interpretar las palabras de san Juan Pablo II: «La revelación por parte de Cristo del sentido salvífico del sufrimiento no se identifica de ningún modo con una actitud de pasividad. Es todo lo contrario. El Evangelio es la negación de la pasividad ante el sufrimiento. El mismo Cristo, en este aspecto, es sobre todo activo [...]. Él pasa "haciendo el bien", y el bien de sus obras destaca sobre todo ante el sufrimiento humano» (JUAN PABLO II, 1984, n. 30).

Se desmiente así una visión que celebra el dolor como un medio de redención, la cual ha sido sostenida erróneamente en algunos momentos de la tradición cristiana. Por el contrario, son bienvenidos los avances de la medicina en el desarrollo de tratamientos cada vez más eficaces para el manejo del dolor, incluyendo la *sedación paliativa profunda**. Al mismo tiempo, es importante no descuidar que el procesamiento del dolor es una tarea que debe llevarse a cabo no solo a nivel individual, sino también comunitario. Como se ha mencionado, el dolor tiene una dimensión objetiva, ligada al daño físico y la enfermedad, y otra personal y cultural, que se remite al contexto de significados en cuyo interior se procesa el dolor, sin esconder la reacción radical de rechazo y rebelión que suscita.

El conocimiento teórico y práctico que permite tratar el dolor ha crecido enormemente en los últimos años. Se ha mejorado notablemente la comprensión de los procesos biológicos subyacentes a muchas enfermedades crónicas y de las posibles intervenciones farmacológicas, quirúrgicas, psicológicas y de rehabilitación. En este contexto, los analgésicos desempeñan un papel fundamental y se dividen en dos categorías principales: antiinflamatorios y los opioides, entre los que se encuentra la morfina y sus derivados (opiáceos), así como otras sustancias con efectos farmacológicos similares.

Desde el punto de vista cultural y religioso, también ha disminuido considerablemente la resistencia al uso de analgésicos, aunque no ha sido superada por completo. La perspectiva dolorista, que se puede encontrar en algunas corrientes de la tradición cristiana, ha sido superada en numerosos documentos de la Iglesia católica: se subraya «el derecho del hombre de dominar las fuerzas de la naturaleza, utilizarlas en su beneficio y aprovechar todos los recursos [...] para evitar o suprimir el dolor físico» (POS, 2016, n. 93). Y el mismo documento continúa: «La analgesia, al intervenir directamente sobre lo más agresivo y desestabilizador del dolor, devuelve al ser humano a sí mismo, haciéndole más humana la experiencia del sufrir» (POS, 2016, n. 95). Por lo tanto: «La aceptación libre, cristianamente motivada, del dolor no debe llevar a pensar que no se debe intervenir para aliviarlo. Al contrario, el deber profesional y la misma caridad cristiana exigen actuar para mitigar el sufrimiento, e impulsan la investigación médica en este campo» (POS, 2016, n. 95).

Asimismo, es importante tener presente que la terapia del dolor no puede limitarse solo a la dimensión estrictamente física del síntoma. Una evidencia que se deduce ya de la misma etimología del verbo griego *therapeúein* nos recuerda que su significado abarca tres niveles. Originariamente, indica la acción de *prestar servicio y honor* a alguien, con una connotación cercana a *mostrar respeto y reverencia,* incluso en el sentido religioso del culto a los dioses; de aquí al segundo significado que indica *cuidar* a una persona; por fin, el tercer sentido se refiere a *curar con éxito,* es decir, sanar y restablecer la salud.

Por lo tanto, la terapia del dolor es un proceso que debe abordar todas las dimensiones implicadas. Hoy se reconoce ampliamente que la intensidad del dolor se ve agravada por el malestar existencial, así como por la ansiedad y la depresión. En la actualidad, como en toda época, pero ahora más que nunca, estamos llamados a *sanar* las heridas y el sufrimiento que el dolor provoca a través de una búsqueda compartida y constante de relaciones justas y del fortalecimiento de los lazos que brindan a todos buenas razones para vivir.

Donación de órganos y trasplantes

Con la progresiva difusión de la práctica de la donación de órganos y tejidos con fines de trasplante –a partir de los años cincuenta–, hemos asistido a una mejora continua de los procedimientos técnicos. También la reflexión ética se ha ido precisando gradualmente. La cultura de la donación ha encontrado apoyo en la postura del Magisterio de la Iglesia católica, elaborada desde Pío XI y reafirmada por el papa Francisco: «La donación de órganos responde a una necesidad social porque, a pesar de los avances de muchos tratamientos médicos, la necesidad de órganos sigue siendo grande. Sin embargo, el significado de la donación para el donante, para el receptor, para la sociedad, no se agota en su "utilidad", ya que se trata de experiencias profundamente humanas y cargadas de amor y de altruismo. Donar significa mirar e ir más allá de uno mismo, más allá de las necesidades individuales y abrirse generosamente hacia un bien más amplio. Desde esta perspectiva, la donación de órganos surge no solo como un acto de responsabilidad social, sino como una expresión de la fraternidad universal que une a todos los hombres y mujeres» (FRANCISCO, 2019).

Gracias a los numerosos avances logrados, hoy en día la extracción y el trasplante de órganos –riñón, hígado, corazón, páncreas o pulmón–, tejidos –córneas, piel o válvulas cardíacas– y células sanguíneas –extraídas de la médula ósea, el cordón umbilical y la sangre periférica– es una realidad consolidada, con una organización eficiente y una normativa jurídica adecuada.

La donación de un órgano puede ocurrir de dos maneras: de un donante vivo o de un donante fallecido. La primera está permitida –en España– a cualquier persona mayor de edad que cumpla los requisitos establecidos por la ley siempre que se garantice que no presenta «deficiencias psíquicas, enfermedad mental o cualquier otra condición por la que no pueda otorgar su consentimiento en la forma indicada» (Real Decreto, 2012, art. 8.1.d). Es por ello que, en todo caso, siempre «será preceptivo disponer de un informe del Comité de Ética» favorable a la donación de órgano vivo (Real Decreto, 2012, art. 8.2). El procedimiento requiere una cuidadosa evaluación de la relación entre riesgos y beneficios para ambas partes involucradas, y debe realizarse de manera gratuita y con el consentimiento libre e informado. La relación entre donante y receptor favorece una actitud solidaria y excluye cualquier propósito lucrativo. La motivación altruista, tras las debidas verificaciones, también puede justificar la llamada *donación samaritana,* en la que el órgano se asigna a un receptor anónimo. Es infrecuente, si bien ha aumentado el número en los casos de donaciones cruzadas, es decir, cuando dos o más parejas de donante-receptor que son incompatibles entre sí intercambian órganos.

Cuando el trasplante se realiza a partir de un donante fallecido –solución obligatoria en el caso del corazón y la opción predominante incluso en órganos dobles como el riñón–, el primer punto a considerar es la determinación de la *muerte**, conforme a los criterios establecidos por la ley. La voluntad de donar puede ser expresada por la persona en vida. Si esto no ha sucedido, en España, puede procederse igualmente a la extracción de órganos siempre que «la persona fallecida de la que se pretende obtener órganos no haya dejado constancia expresa de su oposición a que después de su muerte se realice la obtención de órganos» (Real Decreto, 2012, art. 9.1.a)[1]. Es lo que se llama *consentimiento presunto,* aunque habitualmente la última palabra la tienen los familiares más cercanos del difunto. Es importante que cada persona reflexione sobre la posibilidad de ser donante, considerando que los datos disponibles muestran una insuficiencia crónica de

---

[1] España tiene una regulación excepcional en este sentido. En Italia, por ejemplo, los familiares más cercanos están autorizados para dar su consentimiento a la donación: en primer lugar, el cónyuge o pareja conviviente, luego los hijos y, en su defecto, los padres. Su función es actuar como testigos de la voluntad del fallecido. Solo si no tiene los familiares mencionados, la extracción del órgano se lleva a cabo bajo el principio del *silencio-asentimiento* (cf Legge, 1999, art. 23).

órganos en relación con la demanda. También es recomendable informarse y dialogar con los seres queridos para que conozcan su voluntad al respecto. El deseo de donar los órganos tras el fallecimiento debe expresarse en el documento de *instrucciones previas** o voluntades anticipadas, que puede realizarse en los centros sanitarios o en los registros disponibles de cada comunidad autónoma.

Ni el donante ni sus representantes pueden condicionar el destino de los órganos, y se garantiza el anonimato recíproco entre donante y receptor. La asignación de los órganos es gestionada por los centros regionales o nacionales, siguiendo principios de voluntariedad, altruismo, confidencialidad, ausencia de ánimo de lucro y gratuidad (Real Decreto, 2012, art. 4.2).

Para la persona que recibe un trasplante, también deben considerarse los aspectos existenciales: no se trata solo de una sustitución mecánica, sino de la integración en el propio cuerpo de un órgano que proviene de otra persona, con todas las implicaciones emocionales que esto conlleva. Además, es importante tener en cuenta que distintos órganos pueden generar diferentes niveles de aceptación en quien los recibe.

Estado vegetativo
(véase: *coma**)

Eutanasia

El término *eutanasia,* que significa «buena muerte», fue utilizado ya en 1605 por Francis Bacon, refiriéndose con él al cuidado de la persona moribunda para aliviar la fase conclusiva de la vida. Sin embargo, desde finales del siglo XIX, el término comenzó a emplearse para designar la muerte de un enfermo provocada *por compasión.* Este es el significado que se ha consolidado en los debates actuales en diversas partes del mundo, en los países que han legalizado y regulado esta práctica –por ejemplo, los Países Bajos en 2002, seguidos por Bélgica, Canadá y, más recientemente, en el año 2021, España–.

El Comité de Bioética de España (CBE, 2020, 11-14) no se adhiere a una única definición, sino que recoge varias, entre ellas la propuesta por el CNB de Italia que define la eutanasia como «el acto mediante el cual un médico u otra persona administra fármacos a petición libre de un sujeto consciente e informado, con el propósito de provocar intencionadamente su muerte inmediata [...] para poner fin al sufrimiento» (CNB, 2019, n. 2). La encíclica *Evangelium vitae* ofrece una definición más amplia de la eutanasia, describiéndola como «una acción *u omi-*

sión que, por su propia naturaleza e intención, causa la muerte con el fin de eliminar cualquier dolor» (JUAN PABLO II, 1995, n. 65, la cursiva nuestra). De este modo, se evita el uso de calificativos que distinguen entre distintos tipos de eutanasia, en concreto «activa» y «pasiva». La primera se refería a un acto que provoca la muerte mediante la administración de fármacos letales *(matar)*. La segunda designaba, por el contrario, la omisión de una intervención que impediría la muerte, permitiendo que el proceso patológico siga su curso, ya sea no iniciando un tratamiento o suspendiéndolo una vez comenzado *(dejar morir)*.

La confusión surge del hecho de que la administración de fármacos letales siempre es eutanasia, mientras que dejar morir puede serlo o no, pero no necesariamente. Sería eutanasia omitir o suspender tratamientos que sean efectivos, adecuados y tolerables para el enfermo. Sin embargo, sería legítimo, e incluso obligatorio, interrumpir un tratamiento –incluido uno de soporte vital– si se considera desproporcionado. La encíclica *Evangelium vitae* incorpora en la definición de eutanasia no solo la acción en sí, sino también la intención que la motiva y las circunstancias concretas en las que se lleva a cabo[1].

---

[1] En el contexto bioético español se suele utilizar el término *adecuación del esfuerzo terapéutico* para referirse a la retirada de aquellos tratamientos que sean fútiles. Es decir, aquellos que según el criterio médico no esperen conseguir un beneficio mayor que los daños que generan. En este caso, es un deber ético retirarlos y una mala praxis médica mantenerlos. Así lo afirma la Confe-

Una vez aclarados estos elementos, la definición permite comprender claramente las razones por las cuales se considera un acto ilícito, ya que va en contra del valor fundamental de la vida y de «la dignidad propia y única de la persona» (UNPS, 2020, n. 11), que la ley de Dios ordena proteger y promover. El episcopado español también ha subrayado que «es siempre contraria a la ética: se elige un mal, es decir, suprimir la vida del paciente, que, como tal, siempre es un bien en sí misma» (CEE, 2019, 36).

En España, la eutanasia fue incorporada al marco jurídico (Ley, 2021)[2]. En su preámbulo, se define la

---

rencia Episcopal Española: «No faltan quienes se preguntan si la "adecuación de los cuidados" no es una eutanasia encubierta. Pero ciertamente no lo es. Se trata de la diferencia entre la intención de provocar la muerte (eutanasia) y la admisión de nuestra limitación ante la enfermedad y las circunstancias que la rodean» (CEE, 2019, 19). Diferente es la cuestión del rechazo del tratamiento que puede darse en estas dos situaciones: por un lado, cuando se prevé que del tratamiento se obtengan beneficios para la salud; y, por otro, cuando lo que se retiran son los cuidados. Esto son aspectos más delicados que se abordan en las entradas de *obstinación irracional (encarnizamiento terapéutico) y suspensión de tratamientos** y *nutrición e hidratación artificiales (NHA)**, respectivamente.

[2] Por su parte, el término *eutanasia* no aparece en el Código Penal Italiano, pero se incluye dentro de la categoría de homicidio consentido (CP, 2024, art. 579). La referencia al consentimiento y a la *autodeterminación** libre del interesado es el punto de partida de cualquier debate sobre el tema, ya que existe un consenso casi unánime de que nadie, incluido el Estado, debería decidir que ciertas vidas «no son dignas de ser vividas» y, por lo tanto, pueden ser eliminadas –el programa Aktion T4 del nazismo en Alemania, que preveía la eliminación de personas con discapacidad y enfermedades mentales, contribuyó de manera decisiva a la desconfianza generalizada hacia este concepto–.

eutanasia como «el acto deliberado de dar fin a la vida de una persona, producido por voluntad expresa de la propia persona y con el objetivo de evitar un sufrimiento». Sin embargo, el articulado del texto legal opta por las expresiones *contexto eutanásico* y *prestación de ayuda a morir,* evitando el uso directo del término *eutanasia.* Esta prestación puede adoptar dos formas. La primera se describe como la administración directa de una sustancia al paciente por parte de un profesional sanitario competente. Es lo que se considera bioéticamente eutanasia[3].

La legalización de la eutanasia, o los intentos de legalizarla, generan objeciones médicas, culturales y legales, especialmente en relación con el papel del médico, garante del cuidado y del empeño por sostener la vida del paciente. Para muchos, una eventual legalización de la eutanasia conduciría a: un debilitamiento de la percepción social del valor de la vida, la posibilidad de abusos trágicos, falta de compromiso público en el cuidado y *acompañamiento** de los moribundos y la posibilidad real de que se deslice hacia formas de eutanasia no voluntaria. La experiencia en países donde la eutanasia es legalmente admitida muestra que, en nombre de la libertad de autodeterminación sobre las cuestiones referentes a la salud, la vida y la corporalidad, se puede llegar a la paradoja de restringir la libertad de quienes tienen menos recursos para hacer valer su voluntad. Podría suceder, en contra de las intenciones de quienes la

---

[3] Para la segunda forma véase *suicidio asistido**.

proponen, que una legislación dirigida a un grupo reducido de pacientes, que solicitan explícitamente la eutanasia, provoque una especie de demanda influenciada por parte de algunas personas que, frágiles por la enfermedad, sienten que son una carga para sus familias y para la sociedad.

Instrucciones previas

El papel que el paciente desempeña en la relación con el médico ha cobrado progresivamente mayor relevancia en los últimos decenios. Este nuevo equilibrio es, además, el reflejo en el ámbito médico de una dinámica sociocultural más amplia, caracterizada por una creciente importancia atribuida a la *autonomía** de las personas. Mientras que la tradición hipocrática consideraba al médico como único poseedor del conocimiento, incluso para establecer qué era mejor para el paciente, en tiempos recientes, se ha reconocido que a la persona enferma debe otorgársele un peso decisivo en las decisiones clínicas. La responsabilización del paciente se considera así una parte de la relación de cuidado, en un clima de confianza y transparencia que favorezca el camino de la elección conjunta –toma de decisiones compartida–, sin dejar de tener en cuenta la diversidad de roles. Esto es precisamente lo que busca promover la práctica del consentimiento informado. En Italia, esta materia ha sido regulada recientemente (cf Legge, 2017).

En el caso de enfermedades ya presentes, especialmente cuando se trata de patologías crónicas degenerativas, se puede prever una *planificación anticipada de los cuidados**: se anticipan situaciones que pueden presentarse y se acuerdan decisiones a tomar en caso de que el paciente ya no pueda expresarse.

A esta misma necesidad responden las *instrucciones previas*[1]. Se trata de un documento en el cual la persona expresa su voluntad respecto a los tratamientos sanitarios que deben activarse, no activarse o suspenderse en el momento en el que una futura enfermedad le impida tomar las decisiones necesarias. Esta voluntad suele manifestarse cuando la persona no está enferma y sin estar directamente involucrada en una relación de atención médica. Por ello, se recomienda la consulta con un médico de confianza. Asimismo, sería deseable que sobre estos temas hubiera un camino de preparación, que puede encontrar un contexto favorable incluso en el acompañamiento espiritual o en el diálogo con el propio párroco.

Las instrucciones previas permiten que se reconozcan las preferencias personales, de modo que el equipo médico también pueda definir con mayor precisión cuál es el beneficio efectivo para el pa-

---

[1] En España, quedan definidas las instrucciones previas en la Ley de autonomía del paciente (Ley, 2002, art. 11). Cada comunidad autónoma emplea diferente nomenclatura: *instrucciones previas* (Aragón, Cantabria, Castilla-La Mancha, Extremadura, Galicia, Madrid, Murcia y La Rioja), *voluntades anticipadas* (Asturias, Baleares, Castilla y León, Cataluña, Comunidad Valenciana, Navarra y País Vasco) y *voluntades vitales anticipadas* (Andalucía).

ciente dentro del cuadro clínico objetivo, del cual
evidentemente no es posible prever con antelación
todos los detalles y características específicas. Su
importancia adquiere mayor claridad si se considera en continuidad con el consentimiento informado como *planificación anticipada de cuidados** en el
proceso terapéutico, integrando la autonomía del
paciente con el compromiso del médico de definir la
terapia adecuada. En la reglamentación jurídica se
prevé, por lo general, la posibilidad –pero no la obli-
gación– de nombrar a un representante. Su función
es tomar las decisiones necesarias en diálogo con los
médicos, ajustando si fuera preciso las indicaciones
presentes en las instrucciones previas a las circunstancias clínicas reales. Por lo tanto, no se requiere
que posea conocimientos específicos en medicina,
sino más bien que esté familiarizado con el punto
de vista de la persona que lo designa. Por esta razón,
es recomendable que quien sea nombrado como representante participe en el proceso de elaboración y
redacción del documento.

Las instrucciones previas no están exentas de
sombras. Sobre todo, porque resulta problemático
expresarse de manera abstracta sobre una situación
que no se ha experimentado directamente: vivir una
enfermedad en primera persona es muy diferente
a imaginarla basándose en lo que se entiende y se
observa en otros, sobre todo cuando las explicacio-
nes científico-técnicas son complejas y difíciles de
comprender. Además, algunos formularios diseña-
dos para estas declaraciones emplean términos am-

biguos y generales, difíciles de aplicar a situaciones concretas. Por último, el médico podría enfrentarse al rechazo de un tratamiento que considera completamente adecuado e incluso vital, sin la posibilidad de diálogo directo con el paciente.

A pesar de estas limitaciones, sin embargo, sigue siendo un hecho que las instrucciones previas constituyen un punto de referencia obligatorio para la evaluación, en caso de incapacidad definitiva, en la toma de decisiones. Su valor no puede considerarse meramente orientativo: el médico está obligado a respetarlas y solo puede no aplicarlas cuando son «contrarias al ordenamiento jurídico, a la *lex artis,* ni las que no se correspondan con el supuesto de hecho que el interesado haya previsto en el momento de manifestarlas» (Ley, 2002, art. 11)[2]. En el apéndice se propone un posible modelo, que puede ayudar a definir cuáles son y cómo expresar las disposiciones de tratamiento.

---

[2] En la ley italiana: «Cuando estas resulten evidentemente incongruentes y no correspondan a la condición clínica actual del paciente, o bien existan tratamientos no previsibles en el momento de la firma, que puedan ofrecer posibilidades concretas de mejora en sus condiciones de vida» (Legge, 2017, art. 4, inciso 5).

Medicina intensiva

La medicina intensiva se ocupa del tratamiento y monitorización de pacientes en situaciones clínicas críticas debido a graves insuficiencias orgánicas –como, por ejemplo, pulmones, sistema nervioso central, corazón y circulación– e inestabilidad de las funciones vitales. La medicina intensiva cuenta con un equipamiento tecnológico, diagnóstico y terapéutico altamente desarrollado: ventiladores mecánicos, dispositivos de hemodiálisis, estimuladores cardíacos, dispositivos de asistencia cardiocirculatoria, dispositivos para nutrición artificial, etc. A través de estos aparatos electromecánicos y farmacológicos es posible llevar a cabo procedimientos con un grado variable de invasividad, dependiendo de la gravedad de la patología en curso.

El objetivo teórico de los tratamientos intensivos es la recuperación del estado de salud o, al menos, la reducción del daño causado por la patología, permitiendo la restauración de las funciones comprometidas y la mejor reinserción posible del paciente en su entorno habitual. Sin embargo, este resultado no siempre es alcanzable y, en algunos casos, la intervención de urgencia no logra evitar la muerte o una grave discapacidad, a veces marcada por la imposibilidad de que el paciente pueda ser autónomo sin esta maquinaria. En este proceso, es fundamental la atención a la necesidad de reajustar los tratamientos –que en las fases iniciales se activan en situaciones a menudo caracterizadas por una gran incertidumbre– en función de la evolución del cuadro clínico, reconociendo la necesidad de modificarlos o, eventualmente, suspender los ya iniciados, y de iniciar o intensificar los *cuidados paliativos**.

En consecuencia, el objetivo fundamental de la medicina, es decir, la protección de la vida y la promoción de la salud, debe ir acompañado de una cuidadosa reflexión ética. En particular, resulta crucial evaluar la *proporcionalidad de los tratamientos** –también con el apoyo de la *planificación anticipada de los cuidados** y de las *instrucciones previas,* recurriendo al diálogo con el representante legal (cf Legge, 2017), en caso de que la persona ya no sea competente– de manera que se calibren según criterios de adecuación y correspondencia efectiva con las voluntades del paciente, evitando cualquier *obstinación** y la prolongación indebida del proceso de morir.

La expansión de las Unidades de Cuidados Intensivos ha requerido un mayor análisis sobre los métodos de determinación de la *muerte*,* especialmente en relación con la práctica de *donación de órganos** y tejidos con fines de trasplante. Así, se han establecido criterios neurológicos que permiten reconocer la muerte del paciente cuando las funciones cardiorrespiratorias aún son sostenidas por tratamientos intensivos.

La medicina intensiva representa, por lo tanto, una de las expresiones más avanzadas del uso de la tecnología en la medicina y, al mismo tiempo, remite a su límite: constituye un ámbito altamente especializado en el que se requiere una particular atención ética para determinar qué, de todo lo disponible, debe efectivamente utilizarse y qué no.

Medicina intensiva neonatal y pediátrica

La medicina intensiva también puede ser indicada en las fases precoces de la vida, para neonatos prematuros de bajo peso o con graves patologías que se manifiestan en la proximidad del nacimiento, y para niños en edad pediátrica en determinadas situaciones de enfermedad. Incluso en estas edades sigue siendo crucial un monitoreo cuidadoso. Por un lado, el uso de los tratamientos debe reevaluarse periódicamente para examinar su *proporcionalidad** en relación con la evolución clínica y el pronóstico: esto es particularmente importante en recién nacidos y prematuros, dados los amplios márgenes de incertidumbre diagnóstica y pronóstica, ya que pueden mantenerse con vida mediante tratamientos intensivos, incluso en presencia de extensos daños cerebrales y graves patologías congénitas. Por otro lado, el juicio sobre la proporcionalidad es especialmente delicado en estos pacientes, ya que –como es obvio– no pueden dar su consentimiento a los tratamientos ni expresarse sobre lo gravoso de los mismos.

Es, por ello, necesario favorecer con sabiduría un clima relacional que permita transmitir una información adecuada a los padres, ya que son ellos quienes tienen, en primer lugar, la responsabilidad de expresarse en nombre del pequeño paciente. El objetivo de la comunicación es compartir el conocimiento sobre la situación clínica y permitir que el parecer que deben expresar se fundamente oportunamente en la comprensión de los elementos relevantes, para lograr la mejor toma de decisiones compartida en cuanto a los tratamientos. Se trata, por lo tanto, de proporcionar una información lo más completa y comprensible posible sobre la enfermedad en curso y su pronóstico, las características de la intervención propuesta, los riesgos que implica, los beneficios razonablemente esperados y las posibles alternativas, incluidos los *cuidados paliativos**. Es importante, en esta coyuntura, ayudarles también a tomar conciencia y a asumir los límites propios de la medicina, sabiendo que esto implica en cualquier caso continuar proporcionando toda la asistencia que garantice el mejor confort posible.

Un papel valioso para apoyar un diálogo sereno y constructivo entre los profesionales de la salud y la familia puede ser el desempeñado por los comités de ética clínica. Son procesos que a menudo implican afrontar un profundo sufrimiento, y no siempre conducen a un acuerdo: aunque sean una minoría, existen situaciones en las que el diálogo fracasa y degenera en duras controversias entre el equipo médico y los padres. Un resultado a veces impulsado por los medios de comunicación y las redes sociales, que fomentan la polémica al tomar partido, incluso en ausencia de datos clínicos verificados y acentuando la división entre las partes. Estos son los casos en los que puede ser inevitable recurrir a la justicia para proteger el bienestar del niño: una solución que suele ser fuente de ulteriores sufrimientos y que debe considerarse como una última opción a evitar en la medida de lo posible.

Muerte (determinación de la)

Si bien la muerte es un hecho que define la condición humana en sí misma, a lo largo de la historia han surgido múltiples representaciones y se han manifestado en diferentes culturas. Por lo tanto, los comportamientos y decisiones que la rodean varían.

Desde una perspectiva cristiana, la muerte no es el final de la vida, sino el paso hacia una forma completamente renovada de existencia. Evento estrictamente personal, la muerte también implica relaciones interpersonales y no puede reducirse a lo *privado*. Al ver morir a otro, yo conozco anticipadamente mi muerte como la experiencia en la que uno es arrebatado de sí mismo: su muerte me concierne, así como mi muerte involucra a otros, especialmente a familiares y amigos.

En tiempos recientes, el continuo avance de la medicina y su capacidad de intervención en el ser humano han llevado a una progresiva disolución del límite entre la vida y la muerte. Se ha hecho necesario un diálogo constante entre la medicina –en sus diversas especialidades–, la filosofía, la teología y el derecho para definir con precisión el momento en que una persona es declarada muerta y establecer criterios claros y compartidos para su determinación.

En España, el diagnóstico de muerte se establece por el cese irreversible de las funciones cardiorrespiratorias o de las funciones encefálicas (Real Decreto, 1999). En Italia, sin embargo, la definición de muerte es única y coincide solamente con el cese irreversible de todas las funciones del encéfalo (cf Legge, 1993). Con todo, pueden variar las modalidades en que ocurre el fallecimiento y en que se verifica.

En el caso de un paro cardiocirculatorio, la determinación de la muerte se realiza documentando la ausencia de función cardíaca y respiratoria durante un período de tiempo suficiente para garantizar con certeza que el cerebro ha sufrido un daño total e irreversible. En España, el diagnóstico de muerte por criterios circulatorios y respiratorios se basa en la constatación inequívoca de ausencia de circulación y de ausencia de respiración espontánea durante un período no inferior a cinco minutos (Real Decreto, 2012, Anexo 1). En Italia, la ley exige que no haya ninguna actividad eléctrica cardíaca durante al menos veinte minutos, comprobada mediante el registro de un electrocardiograma (ECG), un período excepcionalmente superior en comparación con el resto de países.

En caso de un daño cerebral masivo e irreparable, cuando la reanimación ha sido oportuna para evitar un paro cardíaco, la evaluación es realizada por un comité médico especializado. Se constata así la presencia de los siguientes hallazgos fundamentales: a) *coma** arreactivo, sin ningún tipo de respuestas motoras o vegetativas al estímulo algésico producido en el territorio de los nervios craneales; b) ausencia de reflejos troncoencefálicos; c) ausencia de la respuesta cardíaca al test de atropina y d) apnea, demostrada mediante el «test de apnea» (Real Decreto, 2012, Anexo 1)[1].

Mencionamos dos cuestiones particularmente delicadas: la relación entre la determinación de la muerte y la posible extracción de órganos y la diferencia con el *estado vegetativo**.

Respecto al primer punto, una vez confirmada la muerte de acuerdo con los criterios neurológicos, incluso si las funciones cardiorrespiratorias siguen siendo mantenidas por tratamientos intensivos, se puede proceder a la extracción de órganos y tejidos con fines de trasplante. La normativa legal define el procedimiento a seguir, en especial en lo que respecta a la voluntad previamente expresada por el sujeto y el papel de los familiares. También existe la posibilidad, que plantea problemas técnicos más complejos y hasta ahora se ha dado en pocos casos, de realizar la *donación** con *corazón parado* (donación en asistolia).

---

[1] En Italia, las condiciones establecidas por el Ministerio de Salud (DMS, 1994 y 2008) son: ausencia de todas las funciones encefálicas durante un período de observación de al menos seis horas, es decir, la falta total de conciencia, de reflejos del tronco encefálico, de respiración espontánea incluso tras estimulación (prueba de apnea) y de actividad eléctrica cortical durante al menos treinta minutos, verificada mediante electroencefalograma.

La muerte debida a un daño cerebral (véase más arriba) no debe confundirse con el llamado *estado vegetativo**, que es una condición clínica en la que permanecen activas las funciones *vegetativas* del organismo humano –respiración, termorregulación, reflejos del tronco cerebral–, aunque sin capacidad de comunicación o relación. En este caso, la persona sigue con vida, aunque en una condición muy particular que plantea numerosos interrogantes, especialmente en lo que respecta a la asistencia y los cuidados que deben garantizarse, evitando tanto *obstinación* terapéutica* como la *eutanasia**.

En cuanto a la determinación de la muerte, la Iglesia católica también comparte las conclusiones médico-científicas expuestas y su significado antropológico. Recuerda que «existe una sola "muerte de la persona", consistente en la desintegración total de esa unidad integrada que es la persona en sí misma». Desde esta perspectiva, el criterio de la cesación total e irreversible de toda actividad encefálica, «si se aplica con rigor, no parece estar en contradicción con los elementos esenciales de una concepción antropológica correcta» (JUAN PABLO II, 2000, n. 5).

El cese de todas las funciones encefálicas determina la pérdida de la unidad del cuerpo humano como tal, es decir, del organismo integrado y coordinado como ser vivo.

Nutrición e hidratación artificiales (NHA)

La nutrición e hidratación artificiales se utilizan para alimentar a un paciente cuando ya no se produce el resultado esperado al hacerlo a través de la modalidad ordinaria que es la oral. Los nutrientes necesarios –como agua, azúcares, aminoácidos, vitaminas y electrolitos– se administran mediante diferentes técnicas, ya sea por vía parenteral –esto es, intravenosa– o por vía enteral. En este último caso, se emplea habitualmente una sonda nasogástrica o una gastrostomía endoscópica percutánea (PEG, por sus siglas en inglés), que permite introducir los nutrientes directamente en el estómago a través de la pared abdominal.

Las principales sociedades científicas coinciden en definir la HNA como un tratamiento médico-sanitario a todos los efectos. Esta posición ha sido adoptada por la legislación de Italia (cf Legge, 2017, art. 1, párrafo 5) y de Francia (Loi, 2016, art. 2), como también ocurre en otros países que tratan sobre esta materia; mientras que en España se presupone, aunque no se ha abordado explícitamente.

De hecho, lo que se introduce en el organismo es preparado en laboratorio y administrado a través de dispositivos técnicos, bajo prescripción y mediante intervención médica. Por lo tanto, no se trata de simples procedimientos asistenciales y el médico está obligado a respetar la voluntad del paciente que los rechace mediante una decisión consciente e informada, incluso si ha sido expresada anticipadamente, en previsión de una posible pérdida de la capacidad de expresarse y elegir.

La delicadeza de esta cuestión radica en que el alimento y el agua, por un lado, tienen un fuerte valor simbólico en las relaciones humanas, y por otro, abstenerse de suministrarlos conduciría a una muerte por hambre o sed. Ahora bien, en enfermedades donde el estado de inconsciencia es prolongado y las posibilidades de recuperación son prácticamente nulas –como en el *estado vegetativo** permanente (SVP)–, podría argumentarse que, al suspender la HNA, la muerte no es causada por la enfermedad que sigue su curso, sino por la acción de quienes la suspenden. Habría entonces una diferencia con respecto a la ventilación mecánica, que también es un método de soporte vital, pero cuya suspensión, en condiciones particulares, no genera objeciones porque la insuficiencia respiratoria es parte de la patología en curso.

Si se observa atentamente, sin embargo, este argumento es víctima de una concepción reduccionista de la enfermedad, que se entiende como la alteración de una función particular del organismo, perdiendo de vista la totalidad de la persona. Esta forma reduccionista de interpretar la enfermedad lleva a una concepción igualmente reducida del cuidado, que termina focalizándose en funciones individuales del organismo en lugar del bien completo de la persona. Las funciones individuales del organismo, incluida la nutrición –especialmente si se ven afectadas de manera estable e irreversible–, deben considerarse dentro del marco global de la persona y su dimensión corporal. En esta línea se puede interpretar la afirmación del papa Francisco, cuando sostiene que las intervenciones tecnológicas sobre el cuerpo «pueden sostener funciones biológicas que se han vuelto insuficientes, o incluso sustituirlas, pero esto no equivale a promover la salud. Se necesita, por tanto, un suplemento de sabiduría, porque hoy es más insidiosa la tentación de insistir con tratamientos que producen potentes efectos en el cuerpo, pero que a veces no benefician el bien integral de la persona» (FRANCISCO, 2017).

La aplicación de esta afirmación en el contexto de la nutrición e hidratación artificiales no entra necesariamente en contradicción con lo que sostiene la Congregación para la Doctrina de la Fe (cf CDF, 2007). La Conferencia Episcopal Estadounidense había enviado a la Congregación una pregunta sobre la obligatoriedad del suministro de alimento y agua, incluso por vía artificial, al paciente en *estado vegetativo**. La respuesta fue afirmativa: la NHA debe ser considerada como una terapia, «es moralmente obligatorio en principio [...] en la medida y mientras se demuestre que cumple su propia finalidad, que consiste en procurar la hidratación y la nutrición del paciente». En la nota de la Congregación se reconocen, además, motivaciones éticamente legitimas para suspenderla o no empezarla cuando: 1) ya no es eficaz desde el punto de vista clínico, esto es, cuando los tejidos ya no son eficaces clínicamente para absorber las sustancias administradas –es la falta de lo que se puede llamar *adecuación clínica*–; 2) no hay disponibilidad en el contexto sanitario considerado, afirmación que señala la incidencia de las circunstancias en el acceso a los cuidados, o 3) comporta para el paciente «una notable molestia física vinculada, por ejemplo, a complicaciones en el uso del instrumental empleado» (CDF, 2007b). Esta última mención de la molestia física evoca el criterio de *proporcionalidad de los tratamientos**. Entonces, la directriz formulada por la Congregación tiene una validez general, pero debe ser considerada con discernimiento en cada caso concreto. En esta misma línea se mueve el reciente documento de la Congregación que aborda esta cuestión (cf CDF, 2020, n. 3).

Obstinación irracional (encarnizamiento terapéutico) y suspensión de tratamientos

Las posibilidades terapéuticas de la medicina han avanzado significativamente en las últimas décadas, permitiendo la curación y prevención de muchas enfermedades y ofreciendo tratamientos más eficaces. Si bien estos logros son sin duda valiosos, también surge la necesidad de reafirmar la *centralidad* del paciente, adoptando un acercamiento personalizado que permita definir qué tratamientos son realmente eficaces y adecuados para cada caso en particular. Especialmente cuando la condición clínica se agrava, los tratamientos ya no pueden lograr la curación y se entra en la fase terminal de la vida, surgen preguntas inevitables: ¿hasta qué punto insistir? ¿Cuándo detenerse? ¿Cuándo es apropiado no iniciar ciertos tratamientos? Estas dudas surgen con frecuencia en pacientes oncológicos o con enfermedades neuro-degenerativas, respecto a los que comúnmente se puede hablar del riesgo de *encarnizamiento terapéutico*. Aunque este término sigue siendo ampliamente utilizado por su fuerza expresiva y claridad, cada vez recibe más críticas. La yuxtaposición de estos términos resulta contradictoria, ya que describe un exceso negativo *(encarnizamiento)* dentro de una práctica positiva *(terapia),* que deja de ser tal cuando el uso de los tratamientos ya no responde a la lógica del cuidado y se vuelve perjudicial: no se puede llamar *terapéutico* en cuanto no se inscribe en la medida justa y es obligatorio evitarlo.

Se recurre, a veces, al término *encarnizamiento clínico* (cf CNB, 2020), aunque tampoco parece resolver la tensión entre los términos, ya que la práctica clínica, como ejercicio de la medicina al lado del paciente, tiene en sí misma una connotación positiva que entra en conflicto con cualquier actitud de rígida insistencia. En España, se ha preferido el uso de *obstinación terapéutica* (OMC y SECPAL, 2015), que reduce el ejercicio de la obstinación únicamente a los tratamientos y no al conjunto de la praxis clínica. En ciertos textos jurídicos se utiliza la expresión *obstinación irracional,* que, aunque algo redundante, se está extendiendo en el lenguaje común. Sin embargo, expresiones más precisas, como *uso desproporcionado de los tratamientos* (véase *proporcionalidad de los tratamientos**)*,* resultan menos directas y más difíciles de emplear en el discurso cotidiano.

La encíclica *Evangelium vitae* subraya que «se puede en conciencia renunciar a unos tratamientos que procurarían únicamente una prolongación precaria y penosa de la existencia», cuando estos ya no son «adecuados a la situación real del enfermo, por ser desproporcionados a los resultados que se podrían esperar, o bien, por ser demasiado gravosos para él o su familia» (JUAN PABLO II, 1995, n. 65). En la misma línea, el Código de Deontología Médica de España (OMC, 2022, art. 38.2) establece que «el médico no debe emprender o continuar acciones diagnósticas o terapéuticas sin esperanza de beneficios, o inútiles para el enfermo»[1].

La *proporcionalidad de los tratamientos** debe evaluarse a través del diálogo y la información dentro de la relación de confianza entre médico y paciente, así como con los familiares, quienes a veces tienden a alentar formas de obstinación. La referencia fundamental, como señala el papa Francisco, debe ser el bienestar global/integral del paciente (cf FRANCISCO, 2017). Entre los parámetros a considerar algunos hacen referencia a los propios tratamientos –la tipología, conocimientos médicos actuales, efectos sobre el bienestar del paciente–, otros al paciente –su estado psicológico, valores inspiradores y necesidades espirituales– y otros a la importante responsabilidad de búsqueda de un equilibrio entre la evaluación de «los gastos necesarios y la posibilidad de aplicación» y al resultado que se puede esperar, así como el impacto que podría representar una carga «demasiado pesada» para la familia o la comunidad (CDF 1980, IV).

---

[1] En el Código Deontológico de los Médicos en Italia se afirma que el médico «no debe iniciar ni insistir en procedimientos diagnósticos o intervenciones terapéuticas que sean clínicamente inapropiadas y éticamente desproporcionadas» (FNOMCEO, 2014, art. 16).

Cuando el paciente ya no puede expresar su voluntad, pueden ser útiles herramientas como la *planificación anticipada de cuidados** y las *instrucciones previas**. Luchar por superar la enfermedad y prolongar la vida es un principio fundamental de la medicina; sin embargo, esta no es omnipotente y debe reconocer sus propios límites, así como la fragilidad y mortalidad inherentes al ser humano. No todo lo que la medicina puede ofrecer debe aplicarse siempre y en cualquier circunstancia. Cuando la curación ya no es posible, es importante continuar con los cuidados –como lo hacen los *cuidados paliativos**– y el *acompañamiento**, incluso cuando se toma la decisión de suspender o no iniciar tratamientos que se consideran desproporcionados.

Planificación anticipada de los cuidados

La planificación anticipada de cuidados o decisiones, también denominada *planificación compartida de cuidados* en contextos como el italiano, se refiere a los pacientes afectados por enfermedades degenerativas incurables o caracterizadas por una evolución imparable con un pronóstico desfavorable. Con esta expresión se indica, ante todo, un modo de relación y comunicación en el que el médico y el paciente acuerdan las decisiones relativas a la patología en curso. Más concretamente, esta perspectiva puede materializarse en un documento que contiene el plan terapéutico establecido de común acuerdo entre el médico y el paciente.

La planificación anticipada de cuidados, entonces, representa un instrumento para involucrar al paciente en la elaboración del plan terapéutico y, en general, en la gestión integral de las enfermedades crónicas. Al respecto, el Código de Deontología Médica español exige al médico tener en cuenta la «voluntad explícita o anticipada a rechazar» un tratamiento y «respetar las instrucciones previas o voluntades anticipadas y, en caso de no existir, la

94

opinión del paciente manifestada y conocida con anterioridad y la expresada por sus representantes» (CGCOM, 2022, art. 38.2.3); aunque no se refiere directamente a la planificación anticipada de cuidados[1]. El Código Deontológico de la Enfermería Española actualmente vigente[2] no incluye el concepto de *planificación anticipada de cuidados o decisiones,* aunque sí recoge que se debe permitir «una participación real en las decisiones» a los pacientes (CGEE, 1998, art. 33)[3].

En España, la Ley de autonomía del paciente (Ley, 2002) no menciona la cuestión directamente, pero sí sienta las bases a través del consentimiento informado, las *instrucciones previas** y el derecho del paciente a participar en las decisiones. Se trata de lo que podría denominarse una *cobertura legal indirecta* que se ha explicado en la legislación de algunas comunidades autónomas[4]. Los pacientes con

---

[1] En Italia, el Código de Deontología exige registrar en la historia clínica la evolución del proceso asistencial «en su manifestación contextual o en la posible planificación anticipada de los cuidados en caso de un paciente con enfermedad progresiva, garantizando la trazabilidad de su redacción» (FNOMCEO, 2014, art. 26).

[2] En el momento de redacción de esta entrada se encuentra en proceso de revisión.

[3] En Italia, el Código de Ética de Enfermería subraya que el enfermero «brinda atención de enfermería hasta el final de la vida de la persona asistida. Reconoce la importancia del acto asistencial, de la planificación anticipada de los cuidados, del alivio paliativo, del bienestar ambiental, físico, psicológico, relacional y espiritual» (FNOPI, 2019, art. 24, cursiva nuestra).

[4] En Francia tampoco está recogido explícitamente en la legislación, mientras que en Italia la Ley n. 219/2017 sí trata especifi-

enfermedades degenerativas pueden, por lo tanto, ser invitados por los médicos a manifestar su voluntad, a través de un diálogo que permita explorar las opciones y definir juntos los procedimientos terapéuticos. El paciente y, con su consentimiento, también sus familiares, deben ser adecuadamente informados, en particular sobre la posible evolución de la enfermedad en curso, lo que puede esperar razonablemente en términos de calidad de vida, las posibilidades clínicas de intervención y los *cuidados paliativos**. De manera similar a lo que ocurre con las *instrucciones previas**, el paciente expresa su consentimiento y sus intenciones para el futuro, incluida la posible designación de un representante de confianza. La forma de expresión puede ser escrita, videograbada o utilizar dispositivos que permitan a una persona con discapacidad comunicarse. El documento se integra posteriormente en la historia clínica y en el expediente sanitario electrónico.

Este tipo de documento puede favorecer una mayor concreción y adhesión a las preferencias reales del paciente, quien expresa su voluntad dentro del contexto de su enfermedad y con plena conciencia

---

camente la planificación anticipada de los cuidados: «En la relación entre paciente y médico [...], respecto a la evolución de las consecuencias de una patología crónica e invalidante o caracterizada por una progresión imparable con un pronóstico infausto, puede realizarse una planificación anticipada de los cuidados entre el paciente y el médico, a la cual el médico y el equipo sanitario están obligados a atenerse en caso de que el paciente no pueda expresar su consentimiento o se encuentre en una condición de incapacidad» (Legge, 2017, art. 5, inciso 1).

de la inexorabilidad de su condición. Lo acordado debe considerarse vinculante en caso de que el paciente sufra una enfermedad crónica invalidante o con una progresión imparable y pronóstico infausto. La planificación anticipada de los cuidados se establece en el marco de un diálogo entre el paciente y el médico que evoluciona con el tiempo. Puede, por lo tanto, adaptarse en función del desarrollo y el tiempo de la enfermedad, la experiencia del paciente y sus solicitudes, así como por recomendación del médico. En particular, a diferencia de las *instrucciones previas**, en las que el médico que informa al paciente en el momento de redactarlas probablemente no será quien las aplique, el médico que deberá seguir las indicaciones de la planificación será el mismo que acompaña al paciente en el proceso *dinámico* de la planificación.

En cuanto al consentimiento informado «para que una elección se tome con plena conciencia y libertad, el paciente debe recibir la información más completa posible de su enfermedad y de las opciones terapéuticas, incluyendo sus riesgos, dificultades y consecuencias» (POS, 2016, n. 96). Esto se aplica también a la planificación anticipada de los cuidados, que, como requisito ético y jurídico, implica que el médico se comprometa con un proceso de información y comunicación con el paciente, convirtiéndolo en un eje central de la relación médica. Además, es especialmente relevante que el médico informe sobre las posibilidades que ofrecen los cuidados paliativos, los cuales constituyen «una herramienta valiosa e indispensable para acompañar al paciente en las fases más dolorosas, difíciles, crónicas y terminales de la enfermedad» (CDF, 2020, V, 4).

La planificación anticipada de los cuidados puede considerarse un ejemplo de ejercicio de la *autonomía** del paciente, entendida en un sentido relacional. Este expresa su voluntad en diálogo con el médico y en función de su situación clínica, en el marco de un proceso de toma de decisiones compartido. La comunicación entre el médico y el paciente –y sus familiares– se confirma así como un elemento determinante en la maduración de decisiones éticas sobre la adecuación de los tratamientos.

Proporcionalidad de los tratamientos

Gracias a la constante innovación en conocimientos y tecnologías, la medicina presta un enorme servicio, combatiendo enfermedades y contribuyendo a aumentar la esperanza de vida. Sin embargo, cuando la lógica tecnocrática se vuelve dominante, el cuerpo humano corre el riesgo de ser visto y gestionado como un conjunto de órganos que deben repararse o sustituirse. Como señala la encíclica *Laudato si'* respecto a la tecnociencia, cada vez es «más difícil utilizarlos sin ser dominados por su lógica» (FRANCISCO, 2015, n. 108), es decir, sin verse arrastrado hacia un «reduccionismo que afecta a la vida humana y la sociedad en todas sus dimensiones» (FRANCISCO, n. 107).

El criterio de proporcionalidad se plantea como una referencia para ajustar los procedimientos diagnósticos y terapéuticos, de manera que realmente estén al servicio del «bien integral» que menciona el papa Francisco (FRANCISCO, 2017). Este criterio se encuentra en el punto de equilibrio entre dos órdenes de factores necesarios para evaluar los tratamientos a administrar. Por un lado, está el personal sanitario, con su competencia profesional. Los médicos cuentan con los conocimientos para evaluar la idoneidad clínica de los tratamientos para la patología en curso, considerando sus características específicas –disponibilidad, complejidad de uso, costos y riesgos– en relación con los beneficios esperados en términos de salud y bienestar del paciente.

Estos aspectos, sin embargo, no son suficientes para emitir un juicio sobre la proporcionalidad del tratamiento: también es necesario considerar un segundo orden de factores, que tiene que ver con la carga y la sostenibilidad de los tratamientos para el propio paciente. En este sentido, solo la persona enferma puede valorar las fuerzas físicas y psicológicas de las que dispone, basándose en sus valores y circunstancias personales. Por ello, un juicio sobre la proporcionalidad de los tratamientos no puede hacerse sin la participación del paciente. Le corresponde a él la palabra decisiva sobre su salud y los procedimientos médicos sobre su propio cuerpo: «Las decisiones deben ser tomadas por el paciente, si para ello tiene competencia y capacidad o si no por los que tienen los derechos legales, respetando siempre la voluntad razonable y los intereses legítimos del paciente» (CCE, n. 2278). Si esto no se respeta, la persona deja de ser reconocida como sujeto de los cuidados y es reducida a ser un objeto del que se puede disponer.

A menudo, los términos que hemos intentado precisar se usan de manera aproximada o incluso como sinónimos de otros que en realidad no son del todo equivalentes, como cuando se habla de medios terapéuticos ordinarios o extraordinarios. Esta forma de expresarse, aunque ha sido empleada en documentos eclesiales en el pasado (cf PÍO XII, 1957b; CDF, 1980), corre el riesgo de centrar la atención más en las características objetivas de los medios terapéuticos que en la relación de cuidado en la que se aplican. En cualquier caso, nos parece importante no fosilizar el uso de una u otra palabra, pues se debe mantener en el centro la cuestión fundamental, esto es, la mayor participación posible del paciente en la formulación del juicio sobre sus tratamientos.

De lo expuesto, se concluye que, incluso cuando un tratamiento sea clínicamente adecuado, podría considerarse desproporcionado si la persona enferma lo percibe como algo demasiado gravoso en las circunstancias en las que se encuentra. No iniciar o suspender esos tratamientos es, en este punto, no solo posible, sino, como dice el papa Francisco, «obligatorio» (FRANCISCO, 2017). Esta decisión no debe confundirse ni con el abandono del paciente –ya que se le sigue acompañando con los *cuidados paliativos**–, ni con la *eutanasia**, porque «no se busca provocar la muerte: se acepta no poder impedirla» (CCE, n. 2278). En este sentido, en España se emplea el concepto de *adecuación del esfuerzo terapéutico* (OMC y SECPAL, 2025) para designar tanto la retirada como la no instauración de un tratamiento para adaptar el abordaje terapéutico a la situación clínica de un paciente con pronóstico de vida limitado. También se ha usado el concepto de *limitación* *del esfuerzo terapéutico,* que el mismo documento aconseja no usar por ser más reduccionista.

Como corolario de todo lo que se ha dicho, debe recordarse la importancia de la comunicación en un clima de recíproca confianza. Sin una información lo más completa posible, en el marco de una relación colaborativa y abierta al diálogo, sea con el equipo cuidador, sea con la persona cuidadora que acompaña al enfermo, no se puede proceder a decidir con lógica un proceso de toma de decisiones compartido.

Relación médico-paciente

(véase: *acompañar*, instrucciones previas*, proporcionalidad de los tratamientos**)

Reanimación

(véase: *medicina intensiva**)

Sedación paliativa profunda

Por sedación paliativa se entiende la reducción intencional de la conciencia, hasta anularla, mediante el uso de fármacos hipnóticos, con el objetivo de reducir o eliminar la percepción de un síntoma considerado *refractario e intolerable* para el paciente. Un síntoma resulta tal cuando, a pesar del uso de los mejores tratamientos disponibles, no es soportable para el paciente, ya sea porque no es posible controlarlo adecuadamente, ya por lo oneroso de los efectos secundarios. La sedación paliativa puede modularse de diferentes maneras en cuanto a reversibilidad e intensidad: aquí hablamos de la sedación paliativa profunda y continua (SPP), utilizada en la inminencia de la muerte[1].

---

[1] *Sedación paliativa profunda y continua* es el término utilizado por el Comité de Bioética de Italia (CNB, 2016) que está recogida en la legislación del mismo país (Legge, 2017, art. 2, inciso 2). El Comité de Bioética de España recoge esa definición italiana, aunque cuando se refiere a los últimos días u horas del paciente prefiere hablar de *sedación profunda en la agonía* (CBE, 2020, 14). La legislación española nacional no incluye el concepto, aunque algunas comunidades sí han recogido el derecho a recibir sedación paliativa (por ejemplo, en la comunidad autónoma de Madrid en la Ley 4/2017 de Derechos y Garantías de las Personas en el Proceso

Entre los síntomas que pueden resultar incontrolables no solo está el *dolor**, sino también la náusea, la disnea, la inquietud psicomotora e incluso lo que se define como *angustia psicológico-existencial*. Para que los síntomas sean considerados refractarios, es necesario excluir que puedan responder a intervenciones terapéuticas y que sea posible controlarlos sin reducir la conciencia y sin generar efectos adversos excesivos. Es una evaluación delicada, que debe ser realizada por personal sanitario competente a través de un enfoque interdisciplinario. Por otra parte, es importante que la persona candidata a la SPP esté integrada en un programa de *cuidados paliativos**, poniendo en el centro lo que el paciente experimenta realmente, en relación con la gravedad y la intratabilidad del síntoma. La opción de la SPP puede ser considerada por iniciativa de los médicos que lo atienden, del paciente o de los familiares, teniendo en cuenta lo que los pacientes expresan, incluso a través de señales poco evidentes, que a veces sugieren indirectamente un mayor alivio del sufrimiento.

Como en cualquier intervención médica, la administración de la SPP requiere consentimiento informado. Para ello, es necesaria una adecuada comprensión de las implicaciones de la propia enfermedad, por lo que se refiere a su pronóstico, en un clima comunicativo de confianza y apoyo, carac-

---

de Morir, art. 11, o en comunidad autónoma de Galicia en la Ley 5/2015 de Derechos y Garantías de la Dignidad de las Personas Enfermas Terminales, art. 11).

terístico de un *acompañamiento** adecuado. Solo bajo esta premisa, el paciente podrá expresar válidamente sus deseos y su voluntad. El consentimiento puede ser implícito cuando ha habido una *planificación anticipada de los cuidados**, en la que se han aclarado la naturaleza y las características del procedimiento de sedación, previendo la posible evolución del cuadro clínico hacia una disminución de la competencia –cognitiva o decisional–. Solo en ocasiones se debería admitir un consentimiento presunto, principalmente en los casos en los que es necesario aplicar una sedación de emergencia. El contenido de la información al paciente deberá incluir también la posible irreversibilidad del proceso de sedación.

Es importante precisar con claridad la diferencia entre la SPP y la *eutanasia**. La primera tiene como objetivo aliviar sufrimientos y síntomas insoportables. Para ello, se administran fármacos específicos en dosis ajustadas a este propósito –generalmente benzodiacepinas, opioides y neurolépticos–, que son distintos de aquellos utilizados para provocar la muerte.

Este tema ya fue abordado por el papa Pío XII, que consideró lícita, distinguiéndola de la *eutanasia**, la administración de analgésicos para aliviar dolores insoportables que no podían tratarse de otro modo, incluso en la fase de muerte inminente, cuando esto pudiera acortar la vida (Pío XII, 1957a). Hoy en día, los avances médicos prácticamente han eliminado este tipo de situaciones. Sin embargo, no se descarta que pueda surgir una cuestión similar, relacionada con el uso de nuevos fármacos que reducen el estado de conciencia y permiten diversas formas de sedación: «El criterio ético no cambia, pero el uso de estos procedimientos requiere siempre un atento discernimiento y mucha prudencia. Son intervenciones que tienen un gran impacto en los enfermos, en sus familias y en los profesionales de la salud. Con la sedación, sobre todo cuando es profunda y prolongada, se anula esa dimensión relacional y comunicativa que hemos visto como crucial en el acompañamiento de los cuidados paliativos. Por ello, siempre resulta en cierta medida insatisfactoria y debe considerarse un recurso extremo, tras haber examinado y clarificado cuidadosamente sus indicaciones» (PAROLIN, 2018).

Es bueno no olvidar que, para los familiares, los últimos días de vida del paciente pueden ser muy agotadores: con frecuencia experimentan sentimientos de culpa e impotencia ante la situación de su ser querido, además de un profundo agotamiento físico y emocional. Por esta razón, es fundamental involucrarlos en el proceso de decisión sobre la administración de la SPP, asegurándoles el apoyo necesario.

Suicidio asistido

Mientras que en la *eutanasia** se solicita a otra persona que cause la muerte, en el suicidio asistido es el propio enfermo quien pone fin a su vida. Ambos casos se engloban cada vez más bajo la expresión única de *muerte médicamente asistida,* en parte debido a una zona gris que en la práctica no siempre es fácil de precisar. Sin embargo, conviene mantener una distinción conceptual entre ellos. En efecto, si en la *eutanasia** la intervención de un tercero es la causa necesaria y suficiente para poner fin a la vida, en el suicidio asistido dicha intervención es necesaria, pero solo como una ayuda: «La colaboración determinante de un tercero, que puede ser un médico, consiste en prescribir y ofrecer el producto letal» (CNB, 2019)[1].

En la mayoría de las legislaciones del mundo, ayudar intencionadamente al suicidio de otra persona es un delito grave. En Italia, el Código Penal sanciona la instigación y la ayuda al suicidio, considerándolos delitos (cf CP, 580). Una reciente senten-

---

[1] El Comité de Bioética de España recoge la definición del Comité Italiano (CBE, 2020, 12).

cia de la corte constitucional (cf CC, 2019) reafirmó esta posición, subrayando la necesidad de proteger jurídicamente el valor de la vida, especialmente en situaciones de vulnerabilidad. No obstante, la sentencia también reconoce que la evolución de la medicina genera nuevas circunstancias en torno al proceso de morir y, por ello, identifica cuatro condiciones en las que no se penaliza a quien «facilita la ejecución de la decisión de suicidio, formada de manera autónoma y libre»: la persona debe estar «mantenida con vida mediante *tratamientos de soporte vital** y padecer una enfermedad irreversible que le cause sufrimientos físicos o psicológicos que considere intolerables, pero debe ser plenamente capaz de tomar decisiones libres y conscientes».

Sin embargo, hay países donde se permite, ya sea de forma aislada –como en Suiza y varios estados de EE.UU.– o junto con la *eutanasia** «voluntaria» –como en los Países Bajos y Bélgica–. También en España está permitido al amparo de la Ley de regulación de la *eutanasia** (Ley, 2021). Esta normativa prevé una segunda modalidad de la «prestación de ayuda a morir» que consiste en la prescripción o suministro de una sustancia al paciente para que este pueda autoadministrársela y causar así su propia muerte –lo que bioéticamente se conoce como suicidio médicamente asistido–.

Para una evaluación ética, es fundamental recordar la postura del Magisterio de la Iglesia, que siempre ha sostenido con claridad la ilicitud moral de esta práctica, con argumentos similares a los utilizados contra la *eutanasia**. Se trata, por tanto, de una indicación normativa con gran peso a nivel personal. Sobre esta base, algunos consideran que se debe rechazar cualquier marco legal que permita el suicidio asistido. Esta es también la perspectiva adoptada por la reciente declaración *Dignitas infinita* (cf DDF, 2024, nn. 34, 51 y 52), aunque sin profundizar en la relación entre la dimensión ética y las soluciones legislativas. Es precisamente al analizar esta relación cuando pueden emerger razones para interrogarse si, en ciertas circunstancias, podrían aceptarse acuerdos en el ámbito legal dentro de una sociedad pluralista y democrática, donde incluso los creyentes están llamados a participar en la búsqueda del bien común que la ley pretende promover.

En el contexto italiano, por ejemplo, no se puede ignorar que la sentencia de la corte constitucional mencionada anteriormente insta al parlamento a llenar un vacío legal en esta materia, en un entorno cultural que, en los países occidentales, tiende hacia una expansión de la *eutanasia**. En este marco, negarse a participar en la búsqueda de un punto de convergencia entre distintas posturas corre el riesgo, por un lado, de conducir a una legislación más permisiva y, por otro, de fomentar la renuncia a la responsabilidad de contribuir a la formación de un *êthos* compartido. Identificar un punto de mediación aceptable entre posiciones opuestas puede ayudar a fortalecer la cohesión social y a fomentar una mayor responsabilidad colectiva en torno a los principios comunes alcanzados.

Esto no significa ignorar los problemas que plantea esta cuestión, que requieren una vigilancia atenta. La experiencia muestra que las condiciones clínicas necesarias para solicitar ayuda para morir, aunque inicialmente se definan con claridad, tienden a volverse más difusas con el tiempo. En los países donde el suicidio asistido –y la *eutanasia**– está permitido, los datos disponibles –aunque interpretados de manera diferente por defensores y opositores, en función de cómo se recopilen– indican que la práctica es difícil de cuantificar con precisión y tiende a expandirse progresivamente. Un ejemplo de esta ampliación es la inclusión de situaciones en las que no hay una enfermedad específica, como exige la ley[2], sino una condición de «sufrimiento» resultante de la acumulación difusa de diversas disfunciones. En conjunto, estas permiten la ayuda a quienes desean quitarse la vida –o que se la quiten–, lo que ocurre con frecuencia en personas de edad avanzada, hasta el punto de incluir condiciones muy generales, como la «fatiga de vivir». La flexibilización de estos criterios en los países donde se permite la práctica se debe a una serie de factores culturales interconectados, entre ellos el lenguaje, la legislación, las prácticas médicas y las emociones.

Algo similar sucede con el consentimiento: la población admitida a beneficiarse de la ayuda a morir tiende a ampliarse, ya que, además de los pacientes

---

[2] En España, la ley de regulación de la *eutanasia** afirma: «Sufrir una enfermedad grave e incurable o un padecimiento grave, crónico e imposibilitante certificado por el médico» (Ley, 2021, art. 5).

adultos con plena capacidad de decisión, se incluyen personas cuya capacidad de autodeterminación está gravemente comprometida. La cuestión de fondo es cómo se concibe la libertad y cómo se expresa en la decisión de reivindicar el derecho al suicidio. Una visión abstracta de la *autonomía** tiende a ignorar el impacto de la presión social sobre las personas más frágiles, que pueden sentirse inútiles o como una carga para los demás. En estos casos, sufren un condicionamiento que limita su libertad, generando la paradoja de que, en nombre de la autodeterminación, en realidad se reducen sus opciones. También en lo que respecta a los *tratamientos de soporte vital**, se observa una expansión progresiva del concepto, más allá de las intervenciones tradicionalmente consideradas como tales, como la ventilación mecánica y la *nutrición e hidratación artificiales**.

El tema del suicidio implica una responsabilidad colectiva en su prevención que, para ser efectiva, requiere un análisis profundo de sus causas y la búsqueda de soluciones en los ámbitos social y cultural. Esto supone un compromiso que, en última instancia, depende de los valores y significados que una comunidad posee y se debe renovar constantemente para afrontar los momentos críticos de la vida, una tarea que compete a todos.

Tratamientos de soporte vital

La discusión sobre los criterios que permiten definir qué tratamientos son de soporte vital ha sido recientemente reavivada por varios pronunciamientos en el ámbito jurídico. En Italia, la dependencia de un tratamiento de soporte vital es una de las condiciones mencionadas en la sentencia de la corte constitucional (cf CC, 2019) relativa a la asistencia al *suicidio**. Este requisito ha sido argumentado por la corte a partir del hecho de que, según la Ley n. 219/2017, el paciente puede decidir renunciar a los tratamientos, incluso cuando su interrupción conlleva la muerte. Los tratamientos citados como ejemplos concretos en la sentencia son la ventilación mecánica, la *nutrición y la hidratación artificiales**. La corte establece, por tanto, que, en los casos en que las condiciones previstas estén presentes simultáneamente, no se puede impedir al paciente anticipar, mediante el suicidio asistido, una muerte que, de todos modos, se produciría como consecuencia de la interrupción –o de la no activación– de esos tratamientos. En España, no cabe esta discusión de orden jurídico puesto que, por un lado, el concepto de *suicidio** médicamente asistido está desarrollado como modalidad de la prestación de ayuda a morir que incluye únicamente la prescripción o suministro al paciente que lo ha solicitado de una sustancia que provoque la muerte, de manera que pueda autoadministrársela (cf Ley, 2021 art. 3. g.2ª). Por otro lado, con la Ley de autonomía del paciente (Ley, 2002), está prevista siempre la posibilidad de recurrir al rechazo de tratamiento, sea cual sea este, las condiciones y las motivaciones, siempre que el sujeto sea autónomo, libre y responsable.

Precisamos, ante todo que, tanto en la orientación de la deontología médica como en la larga tradición de la reflexión teológico-moral, el uso de tratamientos que mantienen las funciones vitales nunca ha sido considerado obligatorio en todas las circunstancias. Así lo reafirmó con autoridad el papa Pío XII hace más de sesenta años, en respuesta a algunos interrogantes planteados por la entonces reciente introducción en la terapia intensiva de equipos para la respiración artificial (Pío XII, 1957b). La pregunta era si era obligatorio utilizar en todos los casos los nuevos dispositivos disponibles, y si era lícito abstenerse de su uso o interrumpirlo en caso de que el paciente no mostrara mejoría. El papa Francisco resumió la respuesta de su predecesor afirmando «que no es obligatorio utilizar siempre todos los recursos potencialmente disponibles y que, en casos bien determinados, es lícito abstenerse» (Francisco, 2017). Tales casos son aquellos en los que los tratamientos resultan desproporcionados.

Sin embargo, una vez formulado este criterio de manera general, no siempre es fácil evaluar su pertinencia en la concreción de las situaciones. De hecho, el uso de tratamientos de soporte vital es hoy más complejo, debido a la alta sofisticación del contexto en el que se desarrolla la práctica clínica-asistencial moderna, no solo en el ámbito de la *medicina intensiva**. Mientras que resulta más claro incluir dentro de los tratamientos de soporte vital la reanimación cardiopulmonar, la ventilación mecánica, la transfusión de sangre, la hemodiálisis, la alimentación y la hidratación artificiales, existen situaciones en las que la definición es más difícil de precisar. Esto depende de que, a menudo, se emplean de manera simultánea e integrada dispositivos, insumos, fármacos y procedimientos sanitarios de competencia médica y de enfermería que, en conjunto, adaptándose a las necesidades específicas, permiten optimizar la atención de cada paciente, quien suele estar afectado por múltiples patologías graves, progresivas y de pronóstico infausto.

Sería, por lo tanto, deseable, aunque no sencillo, indicar, según una rigurosa acepción médico-sanitaria, con la participación de las sociedades científicas, cómo definir los tratamientos de soporte vital, con la conciencia de que siempre es necesario tener en cuenta la situación clínica específica de cada paciente. Desde el punto de vista ético y jurídico, de hecho, resulta problemático dejar su interpretación en manos de la justicia, exponiéndose al riesgo de incumplir la misión propia de todo ordenamiento jurídico democrático, que consiste en tratar con homogeneidad e igualdad a todos los ciudadanos, especialmente a los frágiles y vulnerables.

Apéndice
Testamento vital
de la Conferencia Episcopal Española

Declaración de instrucciones previas y voluntades anticipadas

A mi familia, al personal sanitario, a mi párroco o al capellán católico:

Si me llega el momento en que no pueda expresar mi voluntad acerca de los tratamientos médicos que se me vayan a aplicar, deseo y pido que esta Declaración sea considerada como expresión formal de mi voluntad, asumida de forma consciente, responsable y libre, y que sea respetada como documento de instrucciones previas, testamento vital, voluntades anticipadas o documento equivalente legalmente reconocido.

Considero que la vida en este mundo es un don y una bendición de Dios, pero no es el valor supremo absoluto. Sé que la muerte es inevitable y pone fin a mi existencia terrena, pero desde la fe creo que me abre el camino a la vida que no se acaba, junto a Dios.

Por ello, yo, el que suscribe ....
de sexo........................, nacido en................................
con fecha ...., con DNI o pasaporte
n. .... y tarjeta sanitaria o código
de identificación personal n. ....,
de nacionalidad ...., con domicilio
en .... (ciudad, calle,
número) y con número de teléfono ....,

MANIFIESTO

que tengo la capacidad legal necesaria y suficiente para tomar decisiones libremente, actúo de
manera libre en este acto concreto y no he sido
incapacitado/a legalmente para otorgar el mismo:

Pido que, si llegara a padecer una enfermedad
grave e incurable o a sufrir un padecimiento grave,
crónico e imposibilitante o cualquier otra situación
crítica, se me administren los cuidados básicos y los
tratamientos adecuados para paliar el dolor y el sufrimiento; no se me aplique la prestación de ayuda
a morir en ninguna de sus formas, sea la eutanasia o el «suicidio médicamente asistido», ni se me
prolongue abusiva e irracionalmente mi proceso de
muerte.

Pido igualmente ayuda para asumir cristiana y
humanamente mi propia muerte y para ello solicito
la presencia de un sacerdote católico y que se me administren los sacramentos pertinentes.

Deseo poder prepararme para este acontecimiento final de mi existencia, en paz, con la compañía de mis seres queridos y el consuelo de mi fe cristiana.

Suscribo esta Declaración después de una madura reflexión. Y pido que los que tengáis que cuidarme respetéis mi voluntad.

Designo para velar por el cumplimiento de esta voluntad, cuando yo mismo no pueda hacerlo, a ....,
DNI ...., domicilio en ....
.... y teléfono ....
y designo como sustituto de este representante legal para el caso de que este no pueda o quiera ejercer esta representación a ....,
DNI ...., domicilio en ....
.... y teléfono ....

Faculto a estas mismas personas para que, en este supuesto, puedan tomar en mi nombre, las decisiones pertinentes.

En caso de estar embarazada, pido que se respete la vida de mi hijo.

Soy consciente de que os pido una grave y difícil responsabilidad. Precisamente para compartirla con vosotros y para atenuaros cualquier posible sentimiento de culpa o de duda, he redactado y firmo esta declaración.

Firma: Fecha:
DNI:

Testigo	
Domicilio y tfno.	
Firma	
DNI	

Testigo	
Domicilio y tfno.	
Firma	
DNI	

Testigo	
Domicilio y tfno.	
Firma	
DNI	

Aceptación del representante designado para velar por la voluntad del otorgante.

Representante	
Domicilio y tfno.	
Firma	
DNI	

Aceptación del sustituto del representante designado para velar por la voluntad del otorgante.

Representante	
Domicilio y tfno.	
Firma	
DNI	

Aceptación del representante designado para velar por la voluntad del otorgante.

Representante	
Domicilio y tfno.	
Firma	
DNI	

Aceptación del sustituto del representante designado para velar por la voluntad del otorgante.

Representante	
Domicilio y tfno.	
Firma	
DNI	

Sugerencias prácticas para cumplimentar el testamento vital

122

A continuación, se dan cuatro criterios generales para que este testamento tenga la eficacia práctica de un documento de últimas voluntades:

1. Se aconseja consultar previamente la normativa del registro de voluntades de cada comunidad autónoma, que se puede encontrar fácilmente a través de internet, ya que dichas normas pueden presentar algunas diferencias.

2. Presentarlo para su inscripción al registro oficial de tales voluntades de su comunidad autónoma –desde donde se dará traslado al registro nacional–. En todos los registros públicos para la inscripción de las instrucciones previas y voluntades anticipadas habrá que presentar conjuntamente un formulario o solicitud de inscripción que le será proporcionado en el propio registro o en su centro de salud; también se puede descargar de la web de su comunidad.

3. Conviene que lo firmen también tres testigos, cuyos datos de identificación deben constar en el documento, al que se adjuntará copia del DNI de tales testigos. También se puede otorgar ante notario, en cuyo caso no son necesarios testigos. Los testigos deben ser personas que no convivan con el titular, ni familiares como padres, abuelos, hermanos o el esposo/a del declarante. Tampoco podrá ser testigo quien com-

parta un negocio con el que hace la declaración. No podrán actuar como representantes el notario autorizante del documento, el funcionario encargado del registro de instrucciones previas, los testigos ante los que se formalice el documento ni los profesionales que presten servicio en la institución sanitaria donde hayan de aplicarse las instrucciones previas.

4. Es conveniente que el que hace esta declaración entregue una copia a su médico y a los parientes más cercanos –esposo o esposa, hijos, etc.–. Se recomienda que la copia que se entregue a los anteriormente mencionados sea copia de lo presentado en el registro, donde conste el sello o justificante de haberlo presentado.